U0350492

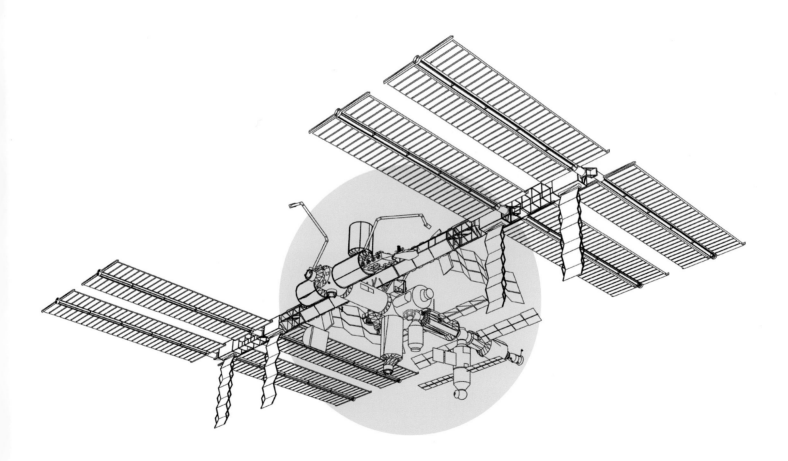

DK空间站背后的故事

英国DK公司 编著　宁　建 译

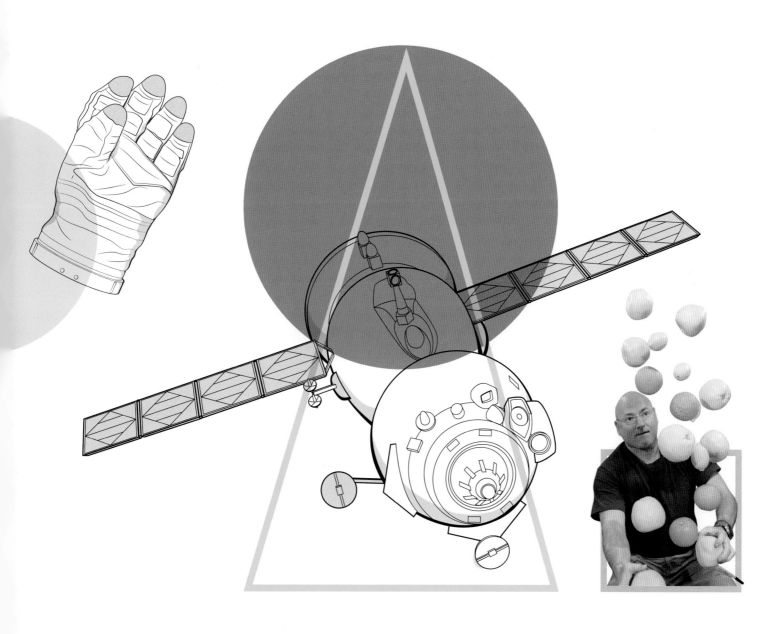

浙江教育出版社·杭州

图书在版编目（CIP）数据

DK空间站背后的故事 ／ 英国DK公司编著 ；宁建译
. —— 杭州 ：浙江教育出版社，2022.9
　书名原文：Behind the Scenes at the Space station
　ISBN 978-7-5722-4351-6

Ⅰ．①D… Ⅱ．①英… ②宁… Ⅲ．①航天站-少儿读
物 Ⅳ．①V476-49

中国版本图书馆CIP数据核字(2022)第160153号
引进版图书合同登记号 浙江省版权局图字：11—2022—271

DK空间站背后的故事
DK KONGJIANZHAN BEIHOU DE GUSHI

英国DK公司 编著
宁 建译

责任编辑	高露露	美术编辑	韩 波
责任校对	王方家	责任印务	曹雨辰

出版发行　浙江教育出版社（杭州市天目山路40号）
印刷装订　广东金宣发包装科技有限公司
开　本　635mm×965mm　1/8
印　张　20
字　数　300 000
版　次　2022年9月第1版
印　次　2022年9月第1次印刷
标准书号　ISBN 978-7-5722-4351-6
定　价　128.00元

如发现印、装质量问题，影响阅读，请联系调换。
联系电话：010-62513889

Original Title: Behind the Scenes at the Space Station: Experience
Life in Space
Copyright © Dorling Kindersley Limited, 2022
A Penguin Random House Company

For the curious
www.dk.com

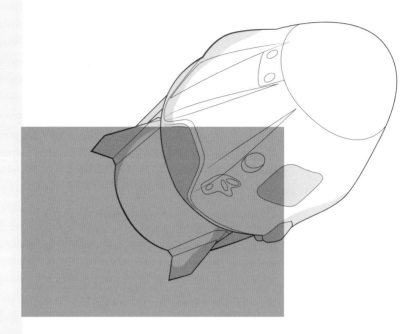

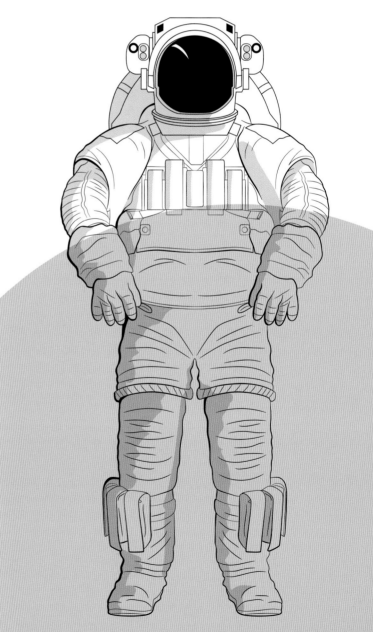

目 录

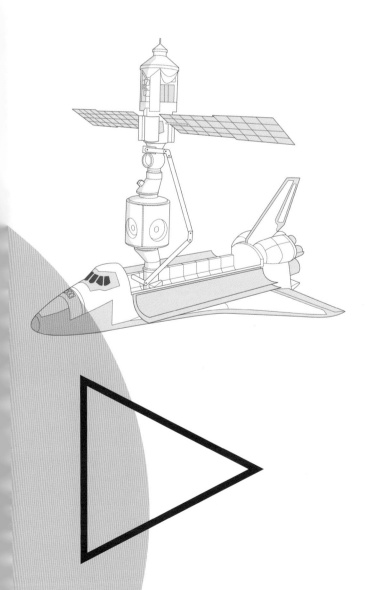

3

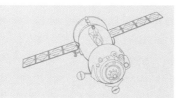

4

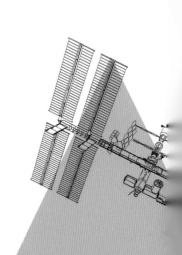

5

6

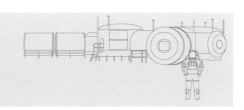

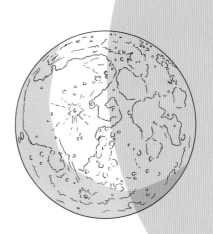

太空为家

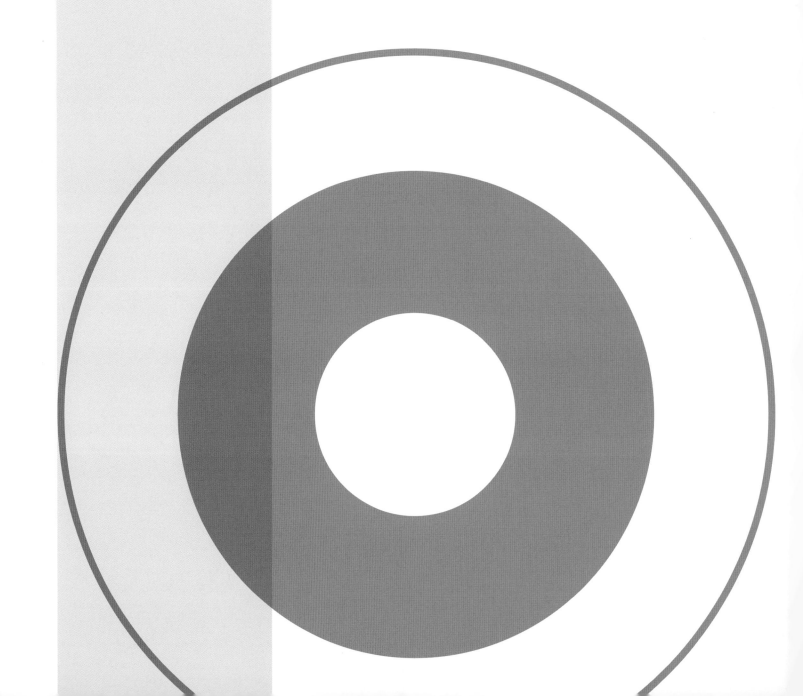

早在20世纪60年代第一批航天员升空之前，开创性的思想家就意识到，如果在距离地面几百千米的空中有一座空间站环绕地球运行的话，那么它将会为我们提供一个独特的基地。它将是观测地球和太空的一个理想的基地，进行科学实验的实验室，以及深入太阳系的出发地。1971年，苏联发射了第一座空间站礼炮1号，实现了在太空中建立人类可以生活和工作的栖息地的梦想。从那时起，科学家和工程师雄心勃勃地设计并且建造了越来越复杂的空间站，但是目前只有2座空间站正在环绕地球运行，它们是国际空间站和中国的天宫空间站。此外，还有一些国家的政府和私营公司正计划建造空间站。

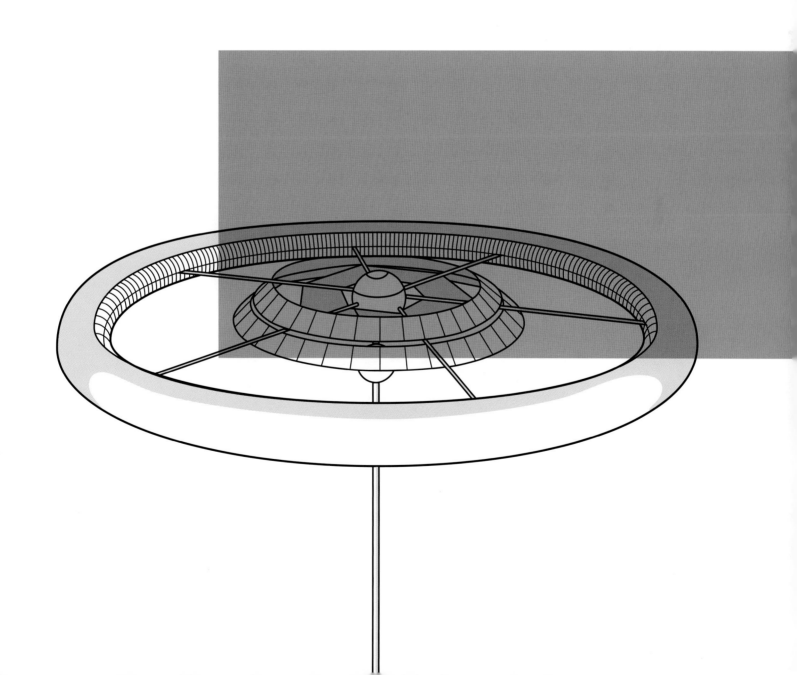

什么是空间站？

空间站是人类在太空中的长期基地，航天员轮流去那里生活和工作。空间站为从事科学工作的人提供了独特的环境，这是因为微重力使人可以开展在地球上无法进行但又具有重大科学价值的实验。目前正在环绕地球运行的空间站有2座：由多个国家共同建造的国际空间站和中国独立建造的天宫空间站。

你知道吗？

建造和维护国际空间站的费用超过1000亿美元。

▼ 团队努力

在20世纪50年代和60年代，美国和苏联为了获得强大的航天实力而进行了太空竞赛。随着时间的推移，这场竞争发展为合作。自1998年以来，这两个前竞争对手密切合作，与其他国家一起建造和管理国际空间站。来自美国、俄罗斯和许多其他国家的航天员共同使用这座空间站。

空间站为什么会留在地球的上空？

空间站之所以能留在地球的上空，是因为它以一定的速度在环绕地球的曲线轨道上运行。真空（没有任何物质的空间）中的运动物体，如果没有任何力作用于它的话，将保持匀速直线运动。对于在地球上方运行的空间站，地球的强大引力使它做恒定的自由落体运动，将它的直线路径弯曲成环绕地球的曲线轨道。

微重力生活

使用"零重力"一词来描述航天器中的情况是不准确的。实际上，航天员所受到的重力与我们在地球表面上所受到的重力几乎相同。然而，国际空间站中的物体不会"向下"坠落，这是因为它们与国际空间站一起在环绕地球的轨道上以相同的速度运行。科学家称这种漂浮效应为"微重力"。对于航天器中的航天员来说，这种状态可能很好玩，但有时也会很麻烦。

如果没有地球引力，国际空间站将在太空中做匀速直线运动

国际空间站被地球的引力拉向地球

地球的引力

国际空间站的轨道

由此产生的轨道是一条曲线

地球的巨大质量产生了强大的引力，也就是重力，它将物体拉向地球

国际空间站

国际空间站很亮，并不需要用望远镜，我们用肉眼就能在夜空中清楚地看到它。下图这张用长时间曝光技术拍摄的照片显示了国际空间站飞过威尔士的轨迹。你可以浏览美国国家航空航天局的"Spot the Station（找到空间站）"网站或使用智能手机上的跟踪应用程序，来查找国际空间站飞越你居住地区的时间。

极端环境

对于航天员来说，太空旅行是终极挑战。无论是在空间站内工作，还是去空间站外进行太空漫步，都必须将自己的身心能力发挥到极致。他们面临着许多潜在的危险，例如，暴露在有害的辐射中，以及被太空碎片击中等。

《砖月》

美国作家爱德华·埃弗雷特·希尔在他1869年出版的故事书《砖月》中描述了第一个虚构的空间站。它原来是一颗人造卫星，但是在发射时出了意外，有人在人造卫星里面随之一起进入了太空。

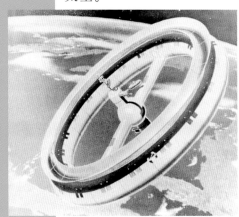

环绕地球运行的轮子

1952年，出生于德国的火箭工程师沃纳·冯·布劳恩描述了一个利用旋转来模拟重力效应的轮形空间站。他后来为美国国家航空航天局设计了土星5号运载火箭，也被称为月球火箭。

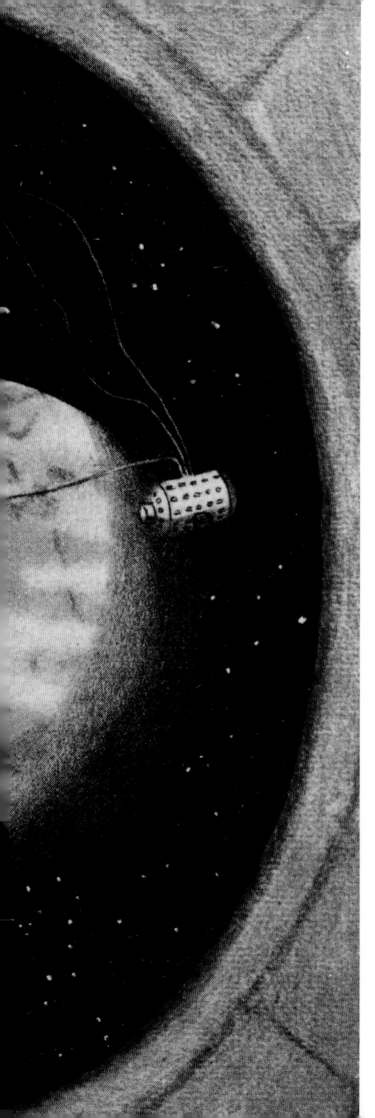

太空梦

　　数百年来，具有前瞻性思维的人们一直对在太空中生活的梦想着迷，但是直到20世纪，科学家和工程师才开始开发能够使这些梦想成为现实的火箭技术。他们意识到，如果在地球上空建立一个人类可以居住的基地，将有助于我们探索太空，并且更好地了解地球。

◀ 早期的设想

　　1929年，奥地利火箭工程师赫尔曼·波多奇尼克，化名赫尔曼·诺登，出版了第一个设想的空间站的图画，它由3个部分组成，最大的部分是一个直径为30米的转动的"栖息轮"（左图的左下侧），有电缆将栖息轮连接到机舱（右图上方）和观察舱（左图右侧）。

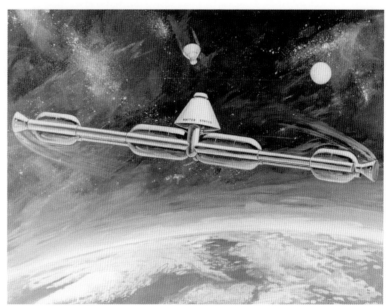

旋转的空间站

　　在人类开始航天的早期，科学家不确定人类是否可以在失重的环境中生存。因此20世纪60年代后期的许多空间站设计都利用旋转来产生模拟重力效应，例如，上图中美国国家航空航天局设计的空间站。直到人们进行了一系列太空任务后，科学家才意识到空间站不需要旋转，人类是可以在微重力环境中生存的。

太空中的城市

在20世纪70年代，工程师提出了建造自给自足的大型太空栖息地的设计方案。人类从未建造过如此宏大的结构，其中最具标志性的设计是史丹佛环面。它是一个直径为1.8千米的甜甜圈形圆环，采用从月球或小行星开采的材料建造，可以容纳多达1万名居民。它每分钟旋转一周，从而产生一种模拟重力效应。环内的巨大镜子将太阳光提供给环内的居民。

重造自然

为了减少对地球供应的需求，史丹佛环面将拥有自己的"自然环境"，就像我们的地球一样，有植物、动物以及水和空气来维持生命。或许有一天，如此庞大的太空栖息地会成为现实。

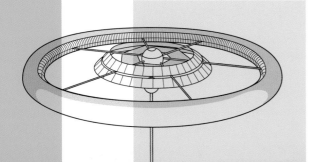

空间站的历史

礼炮1号是第一座空间站，它于1971年发射升空，此时距离苏联航天员尤里·加加林成为第一位进入太空的人仅10年的时间。科学家和工程师在设计和运营礼炮1号空间站，以及它的后继者中吸取了经验教训，从而不断地建造更大更好的太空栖息地。今天环绕地球运行的国际空间站是人类最伟大的科学和工程成就之一。

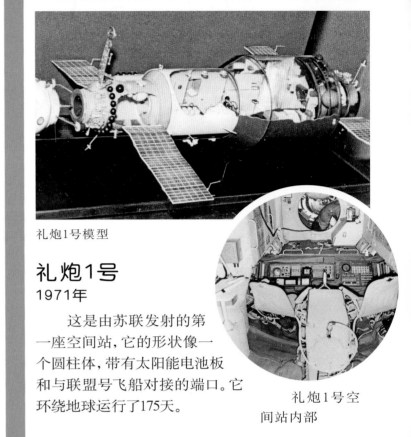

礼炮1号模型

礼炮1号
1971年

这是由苏联发射的第一座空间站，它的形状像一个圆柱体，带有太阳能电池板和与联盟号飞船对接的端口。它环绕地球运行了175天。

礼炮1号空间站内部

礼炮7号具有3组主要的太阳能电池板，侧面可能还有额外的电池板。

礼炮7号
1982年—1986年

作为苏联礼炮计划中的最后一座空间站，礼炮7号曾经接受了4次访问任务，总计接待6名常驻航天员，但是在发生了电力故障后被废弃了。

礼炮7号空间站（上）和与之对接的联盟号飞船（下）

和平号空间站
1986年—1996年

和平号空间站是第一座在太空中逐件组装的大型空间站，由苏联开始建造，后来被俄罗斯继承。它接待了多次由苏联－俄罗斯领导的任务和美国航天飞机的访问。

和平号空间站——航天飞机计划的任务臂章

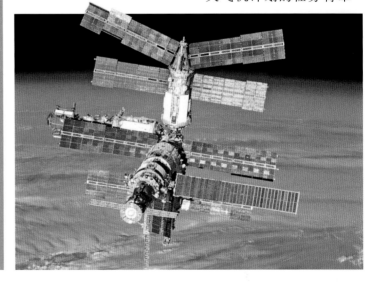

天空实验室
1973年—1974年

1973年5月，美国第一座空间站天空实验室发射升空。尽管它在发射升空过程中受损，但是仍然有3批航天员先后进入其中，并在里面分别工作了28天、59天和84天。

300

在天空实验室中完成了大约300项实验。

阿波罗－联盟测试计划
1975年

这项计划是在太空领域中的第一次国际合作，它包括将美国的阿波罗飞船与苏联的联盟号飞船在环绕地球运行的轨道上对接。3名美国航天员和2名苏联航天员参加了这项对接工作，用了将近2天的时间才完成。

阿波罗－联盟测试计划的任务臂章

有一个特别设计的对接模块使航天员可以在美国的阿波罗飞船（左）和苏联的联盟号飞船（右）之间走动

阿波罗－联盟测试计划

国际空间站
1998年至今

国际空间站是太空中最大的人造结构，由16个国家共同开发。它的第一个模块于1998年发射升空，第一批居民于2000年入住。

5

有5个航天机构负责维护国际空间站。

天宫一号
2011年—2016年

中国第一座空间站的名字意为"天上的宫殿"。两组航天员分别于2012年和2013年乘坐中国神舟飞船到达了天宫一号，其中包括中国的第一批女航天员刘洋和王亚平。

建造空间站

早期的空间站都是简单的圆柱体结构，都是经过一次发射就被整体送入近地轨道。而后来的空间站，例如和平号空间站和国际空间站，都是在太空中分阶段组装的。被称为模块的独立单元被一个接着一个地发射到太空中的预定轨道上，航天员出舱，利用航天飞机的机械臂"加拿大臂"将这些模块组装在一起。国际空间站是人类历史上最雄心勃勃的建设项目，它的组装过程涉及数十次火箭发射、航天飞机飞行以及太空漫步。

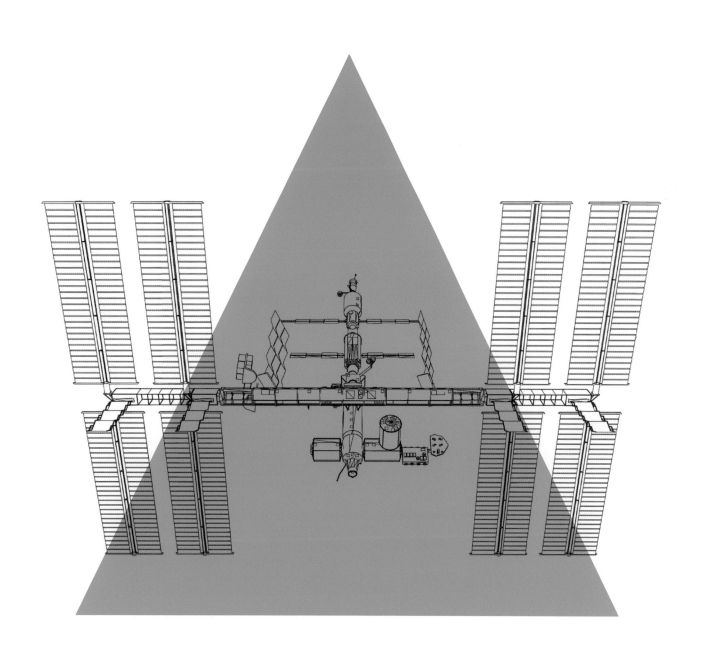

国际空间站

国际空间站以大约28000千米/时的速度环绕地球运行，大约每93分钟环绕地球运行一圈。它是有史以来太空中最大、最复杂的人造结构，航天员在那里进行科学实验，地面上的工程师和科学家利用这些实验结果来研究和发展人类的太空飞行能力，并且改善地面上的生活。国际空间站由美国、俄罗斯、加拿大、欧洲和日本的航天机构共同支持，以保证其安全平稳地运营。

▼ 太空中的家

国际空间站约有一个足球场那么大，它的居住空间与六居室的房子一样大。它由许多被称为模块的圆柱体单元组成。108.5米长的中央桁架是空间站的骨干。自2000年以来，国际空间站中一直有航天员居住。

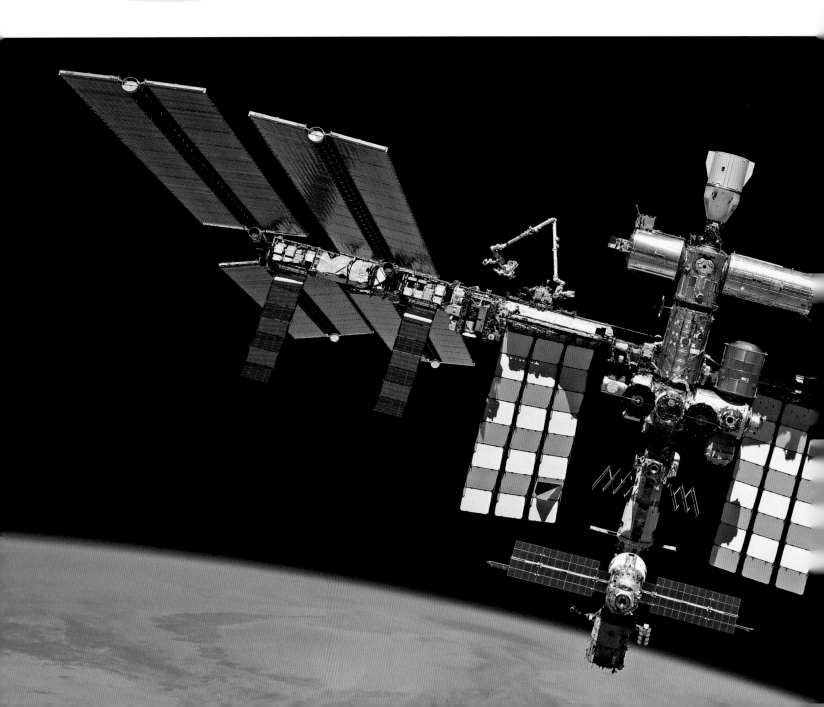

国际空间站结构图

国际空间站的第一个模块于1998年发射升空，随后陆续发射的模块逐渐对它进行了扩充，最新与它对接的是于2021年到达的科学号实验舱。这张以颜色标记的结构图显示了航天员生活和工作的一些模块。

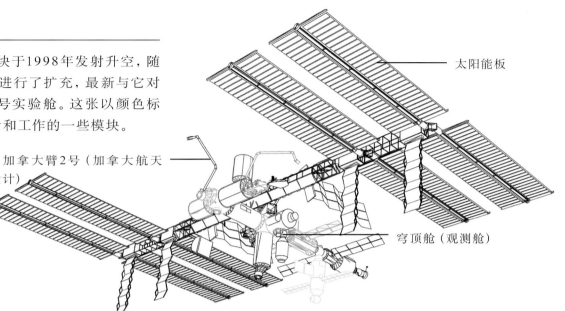

太阳能板

加拿大臂2号（加拿大航天局设计）

穹顶舱（观测舱）

图 标

■ 哥伦布实验舱（欧洲航天局）

■ 和谐号节点舱（美国国家航空航天局）

■ 希望号实验舱（日本宇宙航空研究开发机构）

■ 科学号实验舱（俄罗斯联邦航天局）

■ 团结号节点舱（美国国家航空航天局）

■ 曙光号功能货舱（俄罗斯联邦航天局）

你知道吗？

国际空间站每24小时环绕地球运行16圈，因此在空间站中的航天员每24小时可以看到16次日出和16次日落。

航天机构

国际空间站的运营由5个航天机构负责。这些机构在世界各地共有数千名雇员。

 美国国家航空航天局（NASA），又称美国宇航局，总部在美国

俄罗斯联邦航天局（Роскосмос）

 加拿大航天局（CSA），总部设在加拿大

 欧洲航天局（ESA），由22个国家组成，分支机构分布在欧洲各地

 日本宇宙航空研究开发机构（JAXA），总部在日本

国际空间站内部

国际空间站内部的每个表面，地板、墙壁和天花板，都被利用了，这令航天员眼花缭乱，容易迷路。因此墙上都有给航天员指路的标志，模块之间的舱口都有把手，方便航天员借力行动。

▼ 连接的模块

下图是美国模块"团结号节点舱"内部，它位于美国模块"宁静号节点舱"（右）和俄罗斯模块"曙光号功能货舱"（左）之间。宁静号节点舱里有供航天员使用的健身器材。曙光号功能货舱是第一个被发射进入太空的国际空间站模块，现在主要被用作储藏舱。贴在团结号墙上的任务臂章是以前的航天员留下的。

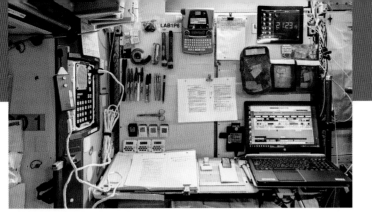

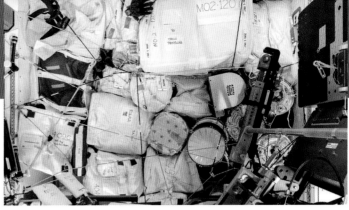

整洁的办公桌

太空中的办公桌与地面上的办公桌大不一样。航天员可以将笔和纸放在任何地方：桌子上、墙壁上或天花板上。同时每件物品都必须用尼龙搭扣、胶带或夹子固定，以防止它们飘走。

存储空间

由于国际空间站的内部空间非常宝贵，因此每个表面都被设计得方便存储物品。空间站里的所有物品的位置，从航天员的补给到等待被送回地球的垃圾，都必须登记在案，以免丢失。

曙光号功能货舱的外部 —————
燃料箱可容纳超过6吨燃料

散热器使热量散发，以 —————
保证曙光号功能货舱凉爽

▲ 曙光号和团结号

曙光号功能货舱于1998年
11月20日进入太空，它是国际空
间站的第一个模块。开始时它
独自飞行，2周后奋进号航天飞
机运送来了团结号节点舱模块，
这两个模块于1998年12月6日成
功对接。

你知道吗？

曙光号功能货舱现
在被当作储藏舱使用，由
其他模块为它提供电力。

模块对接

模块对接是在太空中有史以来最
复杂的操作之一。奋进号航天飞机的
航天员花了2天时间才靠近曙光号功能
货舱，然后使用一只连接在奋进号航
天飞机上的大型机械臂"加拿大臂"，
抓住曙光号功能货舱，并将它轻轻拉到
团结号节点舱上方的位置。

第一批模块

1998年，国际空间站的前两个模块成功
地完成了对接，构建国际空间站联合项目的
梦想成为了现实。这两个模块是由俄罗斯和
美国这两个主要合作伙伴独立制造的，它们
具有不同的功能。俄罗斯制造的曙光号功能
货舱在组装过程中提供电力和存储空间，而
美国制造的团结号节点舱则被用于与未来的
模块对接。

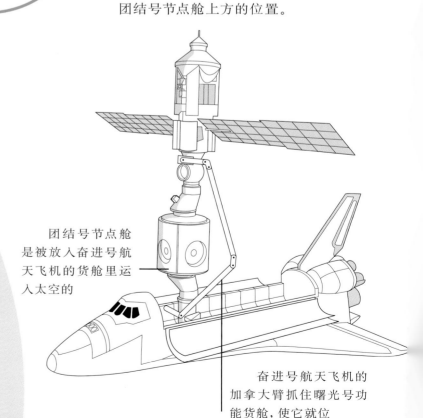

团结号节点舱
是被放入奋进号航
天飞机的货舱里运
入太空的

奋进号航天飞机的
加拿大臂抓住曙光号功
能货舱，使它就位

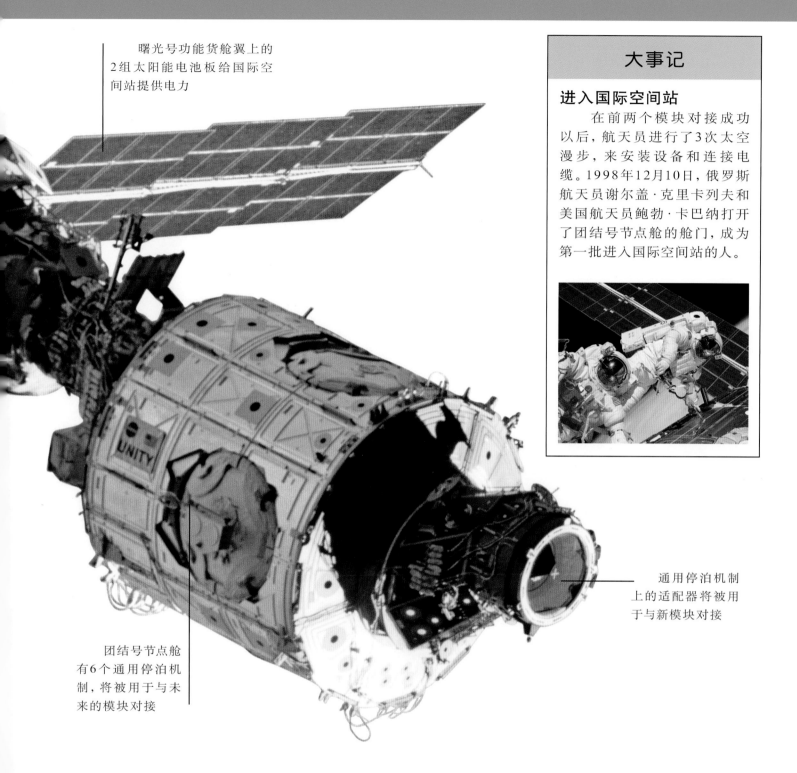

曙光号功能货舱翼上的2组太阳能电池板给国际空间站提供电力

团结号节点舱有6个通用停泊机制，将被用于与未来的模块对接

通用停泊机制上的适配器将被用于与新模块对接

大事记

进入国际空间站

　　在前两个模块对接成功以后，航天员进行了3次太空漫步，来安装设备和连接电缆。1998年12月10日，俄罗斯航天员谢尔盖·克里卡列夫和美国航天员鲍勃·卡巴纳打开了团结号节点舱的舱门，成为第一批进入国际空间站的人。

制造团结号

　　团结号节点舱是由坐落在美国阿拉巴马州亨茨维尔的美国国家航空航天局马歇尔太空飞行中心制造的。它由5万多个机械部件构成，并且有近10千米长的电缆。

国际合作

　　国际空间站是16个国家的合作项目，这些国家是美国、俄罗斯、日本、加拿大、巴西，以及其他11个欧洲国家。它的成功表明了各国可以为人类的利益而共同努力。

前往国际空间站的航天飞机

航天飞机由3个主要部分组成：一对在起飞时提供额外推力的固体火箭助推器、载有物资和机组人员的类似飞机的轨道器，以及巨大的燃料箱。只有助推器和轨道器可以重复使用。

1 固体火箭助推器与轨道器的主发动机一起点火启动，使航天飞机升空。2分钟后，固体火箭助推器与轨道器分离，落入大西洋。

2 进入太空后，航天员必须熟练地将轨道器停泊在国际空间站上，可能需要几个小时才能将轨道器引导到停泊位置。

3 当轨道器返回地球大气层后，它像飞机一样降下起落架，滑向跑道，在尾部打开一只降落伞，与刹车一起使轨道器减速，最终停止。

你知道吗？

美国曾经有6架航天飞机，它们分别是企业号、哥伦比亚号、挑战者号、发现号、亚特兰蒂斯号和奋进号。

航天飞机

　　航天飞机也被称为"太空运输系统"，它是一种可重复使用的航天器，可以将大量有效载荷送入太空。它像火箭一样发射升空，在任务结束后像飞机一样飞回地球表面着陆。第一架航天飞机于1981年起飞，最后一架航天飞机于2011年退役。在此期间，航天飞机是美国国家航空航天局唯一可以将航天员送入太空的航天器。1998年，当国际空间站开始建设时，航天飞机为它运输部件。

◀ 负重涉远的航天器

　　美国国家航空航天局制造了6架航天飞机，均以著名的历史船舶命名。如果没有航天飞机，国际空间站就不可能建成。这些航天飞机总共完成了36次独立的飞行任务，将国际空间站模块运送到太空中进行组装，以及运送补给品。

货舱

　　航天飞机有一个超过18米长的巨大货舱，可以装载大约29吨物资，相当于5头大象的体重。

复杂的控制

　　航天飞机是有史以来最复杂的机器之一，驾驶它非常具有挑战性，最优秀的飞行员也需要经过专业训练，才能操控它。

大事记

哥伦比亚号灾难

　　2003年，哥伦比亚号航天飞机的轨道器左翼受损，导致它在重返地球大气层时解体。7位航天员在这场悲剧中丧生，航天飞机因此停飞了2年多。

哥伦比亚号机组人员

机械臂

加拿大臂2号是在加拿大设计和制造的,它于2001年被安装到国际空间站上,是一只非常先进的机械臂。航天员用它来移动大型设备、进行维修工作和捕获来访的航天器。借助国际空间站的主干桁架上的移动平台,加拿大臂2号能够从空间站的一端移动到另一端。

加拿大臂2号上的4个摄像头帮助工作人员控制它的动作

◀ 加拿大臂2号

就像在建筑工地上的起重机提升和搬运重物一样,加拿大臂2号可以将模块、物资甚至航天员从空间站外的一个地方搬运到另一个地方。

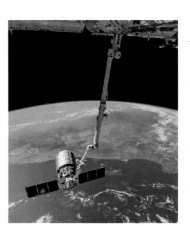

长 臂

加拿大臂2号长17.6米,大约是长颈鹿高度的3倍。它有检测是否有可能与另一个物体发生碰撞的传感器,以避免与航天器或空间站的其他部件发生碰撞。

加拿大臂2号有7个电动关节,因此它可以像人类的手臂一样灵巧地做各种动作

加拿大臂2号的"肘"有1个关节,而"肩"有3个关节

宇宙捕获

航天员用加拿大臂2号捕获为国际空间站运送物资的无人货运航天器。加拿大臂2号小心翼翼地抓牢航天器，缓缓地将航天器拉到空间站的对接端口，使航天器与空间站对接。然后航天员打开舱门，接收物资。

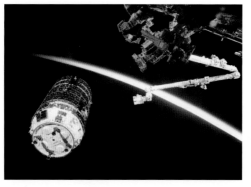

1 在任务控制中心和站内的工作人员的监控下，白鹳号货运飞船利用自己的推进器缓慢地接近空间站。一旦足够接近，它会逐渐调整自己的位置，以便进行对接。

2 在站内的工作人员的引导下，加拿大臂2号将自己的末端执行器（如下图所示）连接到货运飞船上的对接端口来捕获它。

末端执行器

加拿大臂2号并没有被固定在一个地方，它可以借助移动平台沿着国际空间站移动。航天员还可以将它的两端中的任何一端连接到许多特殊的对接端口上，使它像尺蠖一样在国际空间站外爬行。

加拿大臂2号自豪地展示了它祖国的名字：加拿大

加拿大臂2号的"手腕"有3个关节

穹顶舱控制中心

国际空间站里有两个地方可以控制加拿大臂2号，其中一个位于空间站的观察模块穹顶舱（见第94−95页）。穹顶舱有6个侧窗和1个大天窗，使航天员可以在操纵加拿大臂2号的时候能够看着它。航天员在加拿大航天局机器人训练中心学习如何操纵加拿大臂2号。

出去走走

有时候，航天员必须走出国际空间站，进入漆黑的太空中，这种行动被称为太空漫步或舱外活动。航天员在需要的时候会使用加拿大臂2号帮助他们从空间站外的一个地方移动到另一个地方，使他们节省一些时间和体力。

平衡技术

瑞典航天员克里斯特·富格莱桑被锚定在加拿大臂2号的平台上，安装一只用于国际空间站空调系统的大型氨罐。

系安全绳

加拿大臂2号有一个约束脚部的平台，用于在搬动航天员时将航天员的脚部固定。航天员也用一根长钢绳（安全绳）将自己系住，以免飘走。

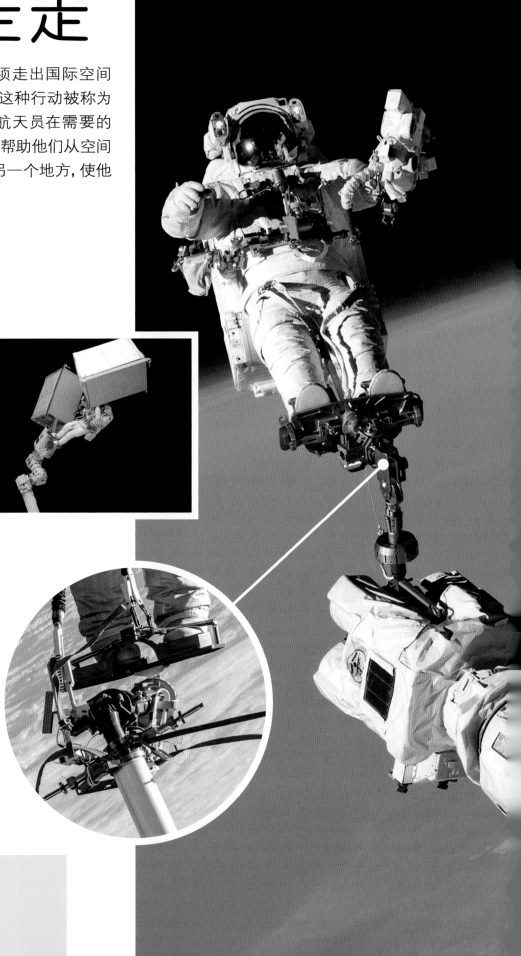

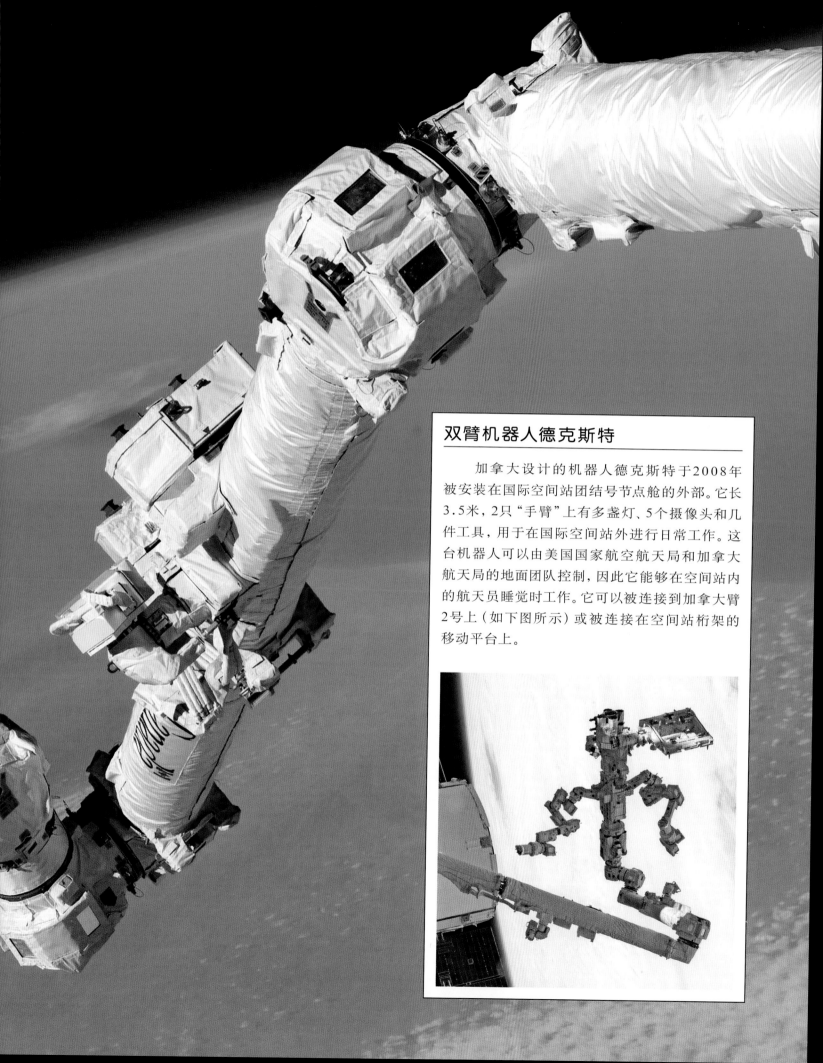

双臂机器人德克斯特

　　加拿大设计的机器人德克斯特于2008年被安装在国际空间站团结号节点舱的外部。它长3.5米，2只"手臂"上有多盏灯、5个摄像头和几件工具，用于在国际空间站外进行日常工作。这台机器人可以由美国国家航空航天局和加拿大航天局的地面团队控制，因此它能够在空间站内的航天员睡觉时工作。它可以被连接到加拿大臂2号上（如下图所示）或被连接在空间站桁架的移动平台上。

你知道吗?

每块太阳能电池板长约35米，几乎与3辆公共汽车前后排起来的长度一样长。

必需的能量

航天员完全依赖太阳能电池板产生的电力在国际空间站内生活和工作。每块电池板都是独立工作的，因此如果一块电池板损坏了，其余的电池板还可以继续供电。

工作原理

太阳能电池板是以硅元素为基体材料的器件，能够将光能转化为电能。来自太阳的光能通过太阳能电池板的表面，然后被传递到内层，在那里被转化为电能，供空间站使用，并且给空间站内存储电能的电池充电。

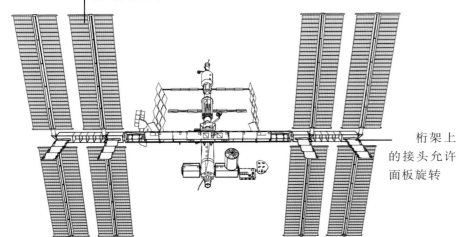

太阳能电池板可以旋转360°，使自己始终面向太阳

桁架上的接头允许面板旋转

巨大的"翅膀"

国际空间站有16块太阳能电池板，它们像翅膀一样连接在桁架（中央脊柱）的两侧。

太阳能

由于国际空间站在距离地面约400千米的轨道上运行，因此不可能从地面连接电缆为国际空间站供电，所以空间站利用太阳能发电。空间站有巨大的太阳能电池板，可以吸收太阳光中的能量，并且将其转化为电能，供空间站使用。其中一部分电能会被存储起来，供国际空间站穿越地球阴影时使用。

◀ 空间站的电源

国际空间站上的太阳能电池板可以产生高达120千瓦的能量，足以为地面上40多个家庭供电。航天员进行了多次太空漫步，花了数年时间才将全部太阳能电池板安装完毕。

新型太阳能电池板

随着更多的模块和设备被组装到国际空间站上，需要更多电力来供电，因此美国国家航空航天局正在用新型太阳能电池板来覆盖部分旧太阳能电池板。新型太阳能电池板的长度为18米，可以卷起来，以便于装载到火箭上。2021年，航天员已经将6块新型太阳能电池板中的第1块安装好。

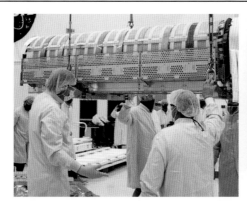

1 位于美国佛罗里达州的肯尼迪航天中心的工作人员将新型太阳能电池板卷起来，然后装载到美国太空探索技术公司的猎鹰9号运载火箭上。

2 航天员进行了一次太空漫步，以确定新型太阳能电池板的位置，并且将它安装好，然后小心翼翼地将它完全展开。

太空碎片

当我们抬头看天空时，可能看起来很晴朗，但是有无数碎片正在太空环绕地球运行。这些碎片是人类留在太空中的各种物体，包括火箭部件、航天员在舱外活动时掉落的工具，以及废弃的卫星。多年来，其中有些物体发生了碰撞，撞碎后产生了更多碎片。工作人员一直在监视这些碎片，如果存在碰撞的危险，国际空间站就会采取规避行动。

▶ 和平号空间站太阳能电池板受损事件

在地球周围的太空中，很多碎片嗖嗖地飞行，它们的速度大约是从枪中发射的子弹的速度的10倍。在如此高的速度下，即使是很小的物体也可能给空间站造成损坏。1997年6月，一艘货运飞船与俄罗斯的和平号空间站相撞，将和平号空间站的太阳能电池板撞出了一个洞。

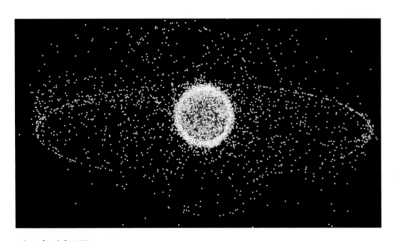

太空垃圾

这张计算机生成的图像显示了散落在地球周围的较大的碎片。它们中的大多数都在近地轨道上运行，距离地面160千米到1000千米。美国太空监视网络追踪所有尺寸大于10厘米以上的碎片。

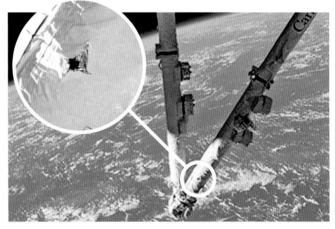

加拿大臂2号受损事件

尽管工作人员对太空碎片进行了仔细监测，但是国际空间站仍然无法避开所有碎片。2021年5月12日，工作人员在国际空间站的加拿大臂2号上发现了一个直径约为5毫米的小孔，它可能是被一块油漆斑点撞击造成的。

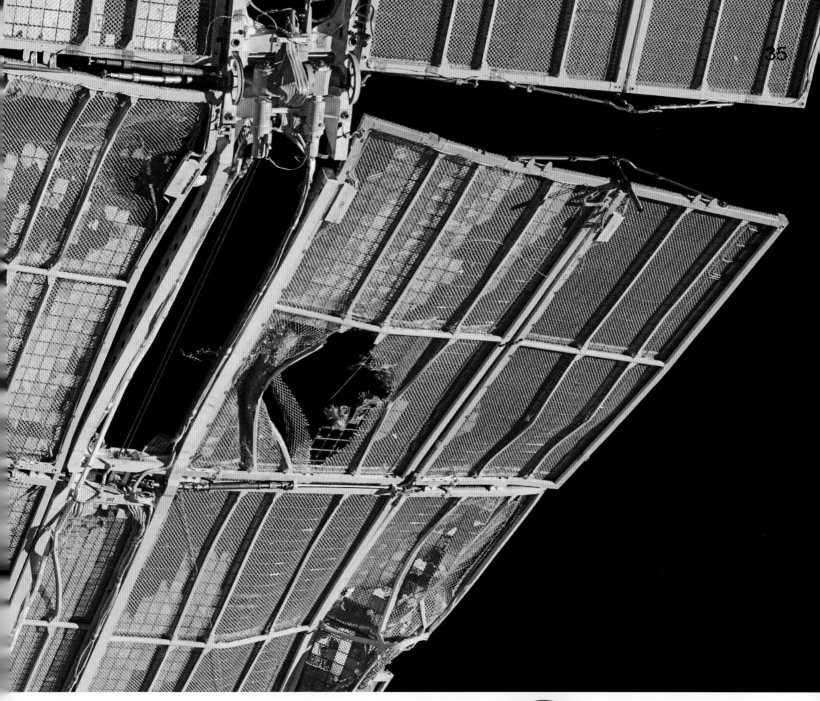

清 理

太空碎片对太空探索是严峻的挑战。每次太空碎片相互碰撞，都会产生更多的碎片，导致更多潜在的碰撞危险。如果人类继续无视这个问题，总有一天航天器将无法安全地在太空中运行。科学家和工程师正在研究新型人造卫星来解决这个问题，希望能够捕获太空碎片并且将它们摧毁。

太空碎片弹弓

这是一个旋转人造卫星的构想，它可以用长臂捕捉碎片并将它们扫向地面，使它们在大气层中燃烧殆尽。它由美国得克萨斯农工大学的研究人员开发。

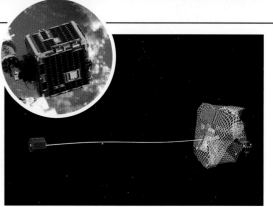

太空网

有一颗名为"清除碎片"的实验人造卫星用来捕捉太空碎片，目前科学家正在测试。这颗卫星要么用网捕捉碎片，要么抓住碎片并将碎片拖到较低的轨道上，使碎片在大气层中燃烧殆尽。

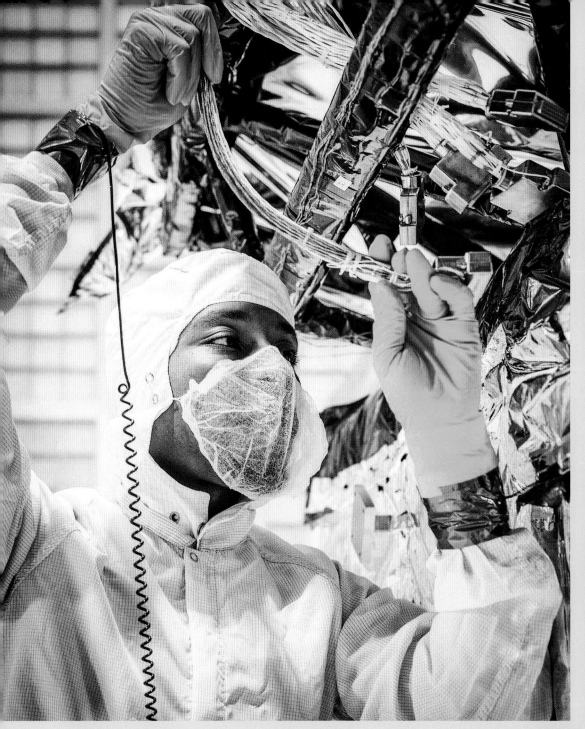

幕后角色
工程师

　　几乎所有被送入太空的设备都是由工程师开发的，包括克服重力的火箭和在失重环境中使用的马桶。工程师在设计、制造和测试人类进入太空并且在那里生活和工作所需要的设备方面，发挥着至关重要的作用。他们与科学家一起继续寻找新方法，让空间站内航天员的生活更安全、更舒适。

测试样机

　　工程师制作设备的样机，也就是初始模型，用来测试他们的设计和发明是否可行。样机还可以揭示存在的问题，帮助工程师优化设计。

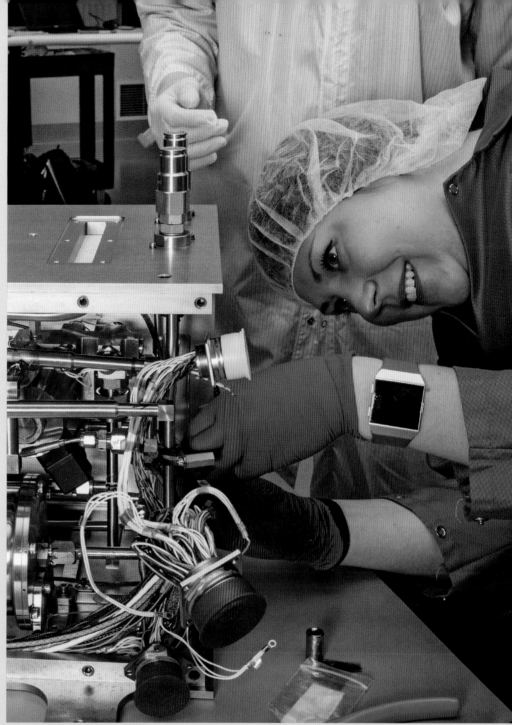

▲ 最后的检查

　　工程师各自专注于不同的领域，例如电子、材料或机械。他们检查设备是否正常工作，以及是否可以在太空中安全使用。

实验室分析

　　工程师一直在努力开发新材料，使材料的强度足以承受恶劣的太空环境，又足够轻，以便发射。在左图中，肯尼迪航天中心材料分析实验室的工程师莉兹·汤姆西克正在用显微镜检查一种新材料。

制造模块

2021年7月，国际空间站新增添了一个多功能实验模块：科学号实验舱。它的长度刚刚超过13米，是俄罗斯有史以来制造的最大模块。俄罗斯航天员将在这个新模块里做实验。

你知道吗？

科学号实验舱是按照国际空间站的第一个模块曙光号功能货舱设计的。

检查，再检查

在科学号实验舱获准发射之前，工程师必须完成750多项独立的测试。

▼ 在地面上制造

科学号实验舱的多项测试在哈萨克斯坦的拜科努尔航天发射场进行，那里的环境非常干净，可以有效地防止它被尘埃或细菌污染。工程师始终穿着工作服，带着口罩、帽子和手套。这个模块原定于2007年发射，但由于多次延误，直到2021年才准备就绪。

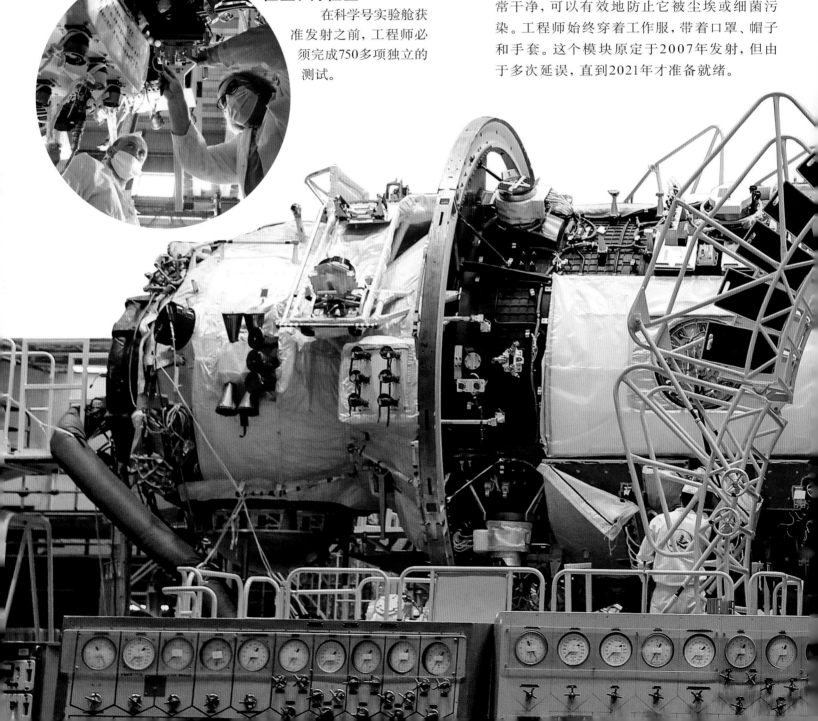

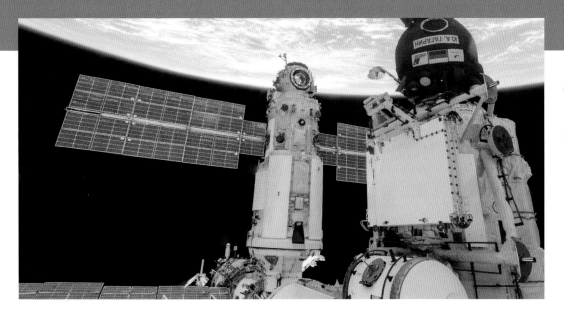

太空中的科学号

科学号实验舱（左）于2021年7月29日到达国际空间站，与俄罗斯的星辰号服务舱模块对接。科学号实验舱展开自己的太阳能电池板，为自己供电。但是不久之后，它的推进器被错误地触发了，导致国际空间站发生了转动，在旋转了一圈半后，任务控制中心和机组人员才重新将其控制！

大型散热器面板将热量从模块排到太空中，以防止模块变得过热

在施工过程中，工程师搭建了黄色梯子和平台，让他们可以安全地接触模块的每个部分

中国进入太空

2003年，中国将第一艘载人航天器神舟五号飞船送入预定轨道，运送航天员杨利伟去执行单人太空任务。从那时起，中国的太空计划发展迅速，中国现在已经可以与美国和俄罗斯相媲美，成为世界领先的太空大国。

▶ 火箭发射

中国的所有载人飞行任务都是从酒泉卫星发射中心发射升空的。中国的载人飞船名为神舟，使用强大的两级长征二号F运载火箭发射。右图是神舟十号飞船的第五次载人任务，于2013年发射升空。

制造神舟飞船

神舟飞船由位于上部的圆柱体轨道舱、位于中部的钟形返回舱和位于底部的圆柱体推进舱组成，它还配备了太阳能电池板。

训练航天员

中国的航天员是从军队中选拔的，他们在首都北京郊外的一个中心接受训练。在上图中，3名航天员在返回舱中练习。自2015年以来，中国的航天员和欧洲航天局的航天员一起训练，为前往天宫空间站的联合任务做准备。

未来的航天员

中国的太空探索项目也是激励下一代科学家和工程师的课堂。航天员在环绕地球运行的轨道上讲课，学生们可以参加太空夏令营，并申请奖学金。

大事记

第一位女航天员

2012年，作为神舟九号飞船三人机组中的一员，刘洋成为第一位进入太空的中国女性。在为期13天的太空飞行中，她进行了太空医学实验。

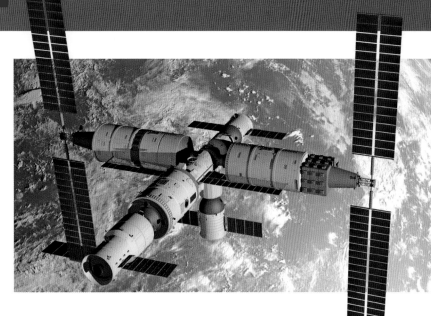

环绕地球

左图展示了天宫空间站完全组装好以后在轨道上的构型。位于中央的模块是天和核心舱，它的前端有5个对接端口，前面的对接端口将与一艘神舟飞船对接，左右两侧的对接端口将分别与问天实验舱和梦天实验舱对接，下面的对接端口将与天舟号货运飞船对接。天和核心舱后端的对接端口将与另一艘神舟飞船对接。天宫空间站的设计寿命为10年。

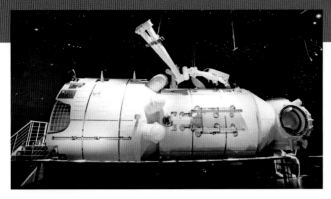

核心模块

天宫空间站的中央模块是天和核心舱，它设有控制中心和航天员的生活区。它还提供电力，并且拥有自己的机械臂，用于将未来的模块连接到空间站。

天宫空间站

中国的空间站以天宫为名，意为"天上的宫殿"。天宫一号和天宫二号分别于2011年和2016年发射升空，旨在测试太空对接等技术。它们的下一代被称为"天宫空间站"或简称"天宫"，是一座更复杂的空间站，就像国际空间站一样在环绕地球的运行轨道上用模块进行组装。天和核心舱于2021年成功地发射升空，问天实验舱于2022年7月24日发射成功，梦天实验舱预计2022年10月发射。

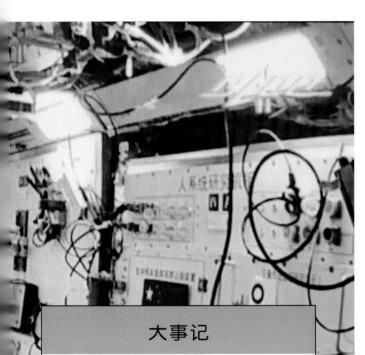

◀ 天和核心舱内部

天和有"天地人和"之意。它拥有可容纳3名航天员的生活空间，配有运动器材、通信中心，以及最重要部分：生命支持系统。左图的照片是在神舟十二号飞船首次载人去天宫空间站的任务中拍摄的，航天员汤洪波在舱内，而他的同事聂海胜则在进行太空漫步。

大事记

首批航天员

2021年6月17日，天宫空间站迎来了首批航天员。神舟十二号飞船机组人员（从左到右汤洪波、指令长聂海胜和刘伯明）在那里度过了90天，是中国以往载人航天任务时间长度的3倍。

返回地面

首批航天员在天宫空间站驻留期间，进行了一系列科学实验，然后乘坐神舟十二号飞船的返回舱于2021年9月17日重返大气层，并且安全降落到地面上。神舟十二号飞船的成功为更长时间的、更雄心勃勃的载人去天宫空间站的任务铺平了道路。

准备发射

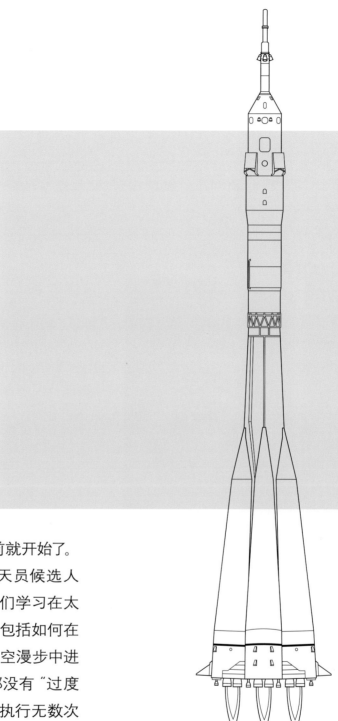

　　航天员的太空之旅早在发射日之前就开始了。在发射升空去执行任务的前几年，航天员候选人就开始接受长期的训练。在此期间，他们学习在太空中安全地生活和工作所需要的技能，包括如何在微重力环境中清洗自己，以及如何在太空漫步中进行维修工作。作为一名航天员，永远都没有"过度准备"这种事情。航天员在地面上必须执行无数次任务，以确保从航天器起飞的那一刻起，航天器中的每位航天员都确切地知道自己应该做什么。最后，经过数年的训练，当发射日到来时，他们将会经历一次惊险刺激的近地轨道之旅。

如何训练航天员

人不是天生的航天员。航天机构寻找具有技术技能、领导素质以及具有应对困难或危险状况能力的候选人，然后将他们培养成未来的航天员。要想脱颖而出，被选中进入太空，你需要接受多年艰苦的训练。

（招聘火星探险者）　　（我们需要你）

招聘海报

在航天机构选择航天员候选人之前，他们需要吸引人们来申请。随着航天计划的扩展，例如，将人类再次送上月球，甚至有一天送上火星，航天员可能需要执行更多种多样的任务，包括探险和耕作。这些招聘海报将会是美国国家航空航天局未来的广告吗？

资　格

为了被选为候选人，申请人首先需要有几年的专业经历。拥有某些专业经历的人比较有可能被选为航天员候选人，例如，飞行员、科学家和医生。

飞行员

驾驶航天器需要经验丰富的飞行员。航天机构有时从试飞员中挑选候选人。试飞员是驾驶新飞机来检验其性能的飞行员。

科学家

航天机构也从具有各种科学背景的人才中挑选候选人，包括数学、工程、生物学、物理学、计算机科学和医学等。

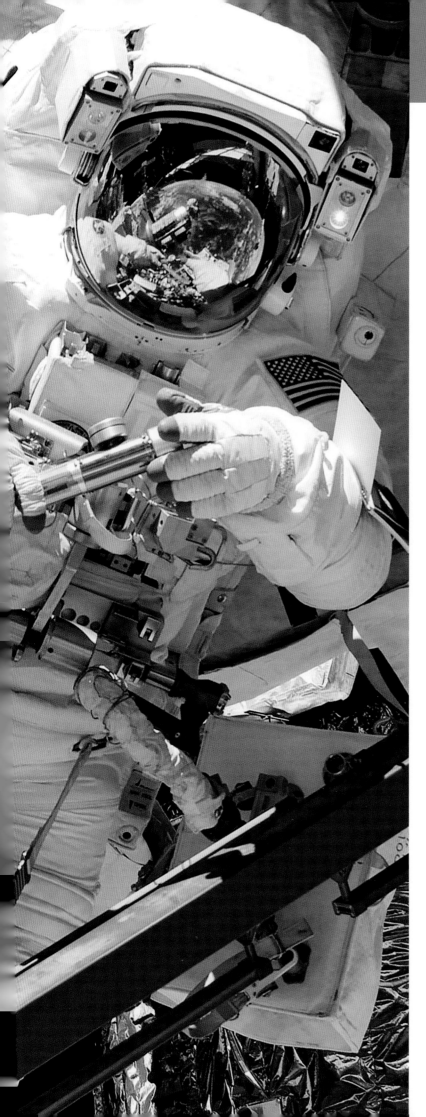

◀ 自由漂浮

完成航天员选拔、基本训练和专门任务训练需要多年的奉献，而且要求极高，但是对于被选上的佼佼者中的极少数人来说，他们将得到的回报就是有机会经历他们一生中最独特的体验。例如，美国航天员阿尔文·德鲁（左图）在2011年成为第200位进行太空漫步的人。

航天员候选人训练

被美国国家航空航天局选择的航天员候选人将接受为期2年的基本训练计划。在上图中，航天员候选人贾斯敏·莫贝里正在研究T-38超音速喷气式飞机的发动机的维护，这是她的训练内容之一。

学习俄语

俄罗斯是国际空间站项目的重要合作伙伴，在用于将航天员运送到国际空间站的联盟号飞船上，所有发射和着陆程序都使用俄语，这意味着所有准备乘坐联盟号飞船的非俄语航天员候选人都必须学习俄语。

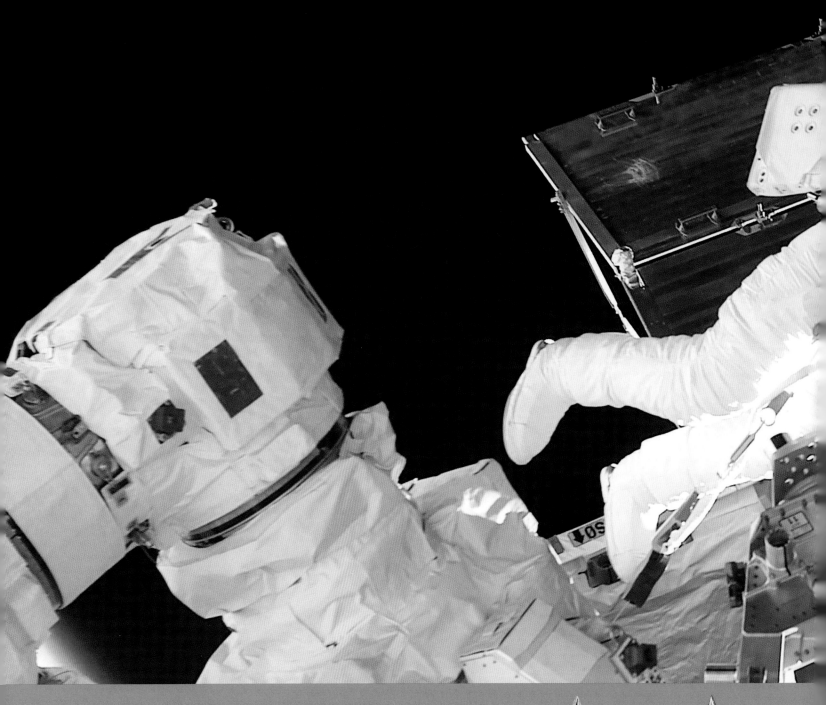

航天员

20世纪60年代早期的航天员曾经都是出色的试飞员,他们也因此而被选中。但是后来,航天员所需要的技能发生了很大的变化。今天的航天员很可能具有科学或工程背景。航天员的职责是多种多样的。在地球上或在太空中,每一天都是不同的,因此航天员必须能够精准地工作,喜欢团队合作,并且能够在压力下保持冷静。

航天员别针

美国国家航空航天局向航天员颁发特制的别针。航天员候选人一旦完成2年的基本训练,就会获得一枚银别针,一旦进入太空,就会获得一枚金别针。

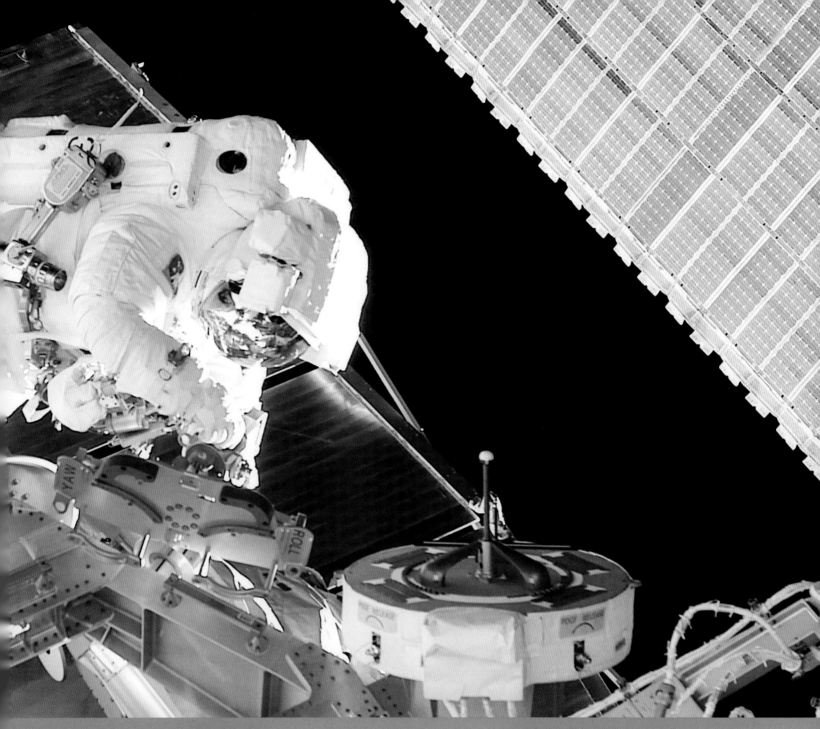

太空中的科学家

　　国际空间站是一个令人兴奋的实验室，在那里有可能进行在地面上不可能进行的实验。科学家可以申请让航天员在那里进行他们想做的实验，这时，航天员就是这些科学家的手和眼睛。因此在接受地面训练的时候，航天员也要练习他们将要做的实验。

太空代言人

　　太空任务涉及数千人，而航天员是航天机构的公众形象。他们在活动中发表演讲，到学校开展讲座，并且通过社交媒体来激励人们了解太空。

太空职业

完成太空任务需要一支庞大的团队。航天工业雇用了成千上万的人，他们都在努力突破太空探索的极限。如果你对设计用于太空的设备感到兴奋，或者对设想自己正在下令发射火箭感到兴奋，那么你可能适合在航天工业中选择一个职业。无论你的兴趣是什么，航天领域里都有很多令人着迷的职业供你选择。那么，除了当航天员，还有哪些职业呢？

工程师

航天工业中的工程师制造和测试空间站、人造卫星和航天器，以及运行它们所需要的所有系统和设备。他们是富有创造力的问题解决者，也是数学和其他科学方面的专家，他们分别专注于各自的领域，例如电子或材料科学等。

20

美国国家航空航天局雇用的工程师涵盖20个工程领域。

空间天气预报

国际空间站在被称为热层的地球大气层中运行。热层受太阳辐射等因素的影响，因此那里的天气与地面上的天气不同。为了成功地发射和着陆，气象学家不仅要准确地预测地面上的天气，还要了解国际空间站的轨道上的大气状况。他们使用来自天文台的数据和卫星图像来做出预测。

太空飞行监控

发射中心和任务控制中心的工作人员不断与机组人员保持联系，监控来自航天器和国际空间站传感器的数据，并且跟踪任务进度。他们还充当信使，使太空中的航天员与幕后工作的工程师和科学家能够进行沟通。

医疗协助

太空旅行对人的身体有很大的影响，航天员可能面临健康挑战，尤其是骨骼和肌肉变虚弱的挑战。航空航天医学专家开发了一些措施，使航天员在长期任务中保持强壮，并且帮助他们保持健康。

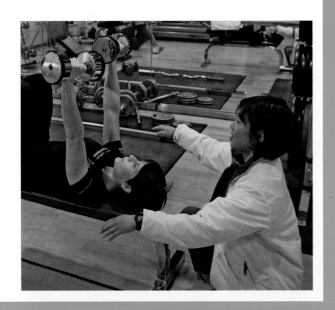

工作中的科学家

科学家利用他们的知识和技能来做出新的发现。他们准备实验，指导航天员在太空中做实验，并且研究实验结果，解决问题，开发新技术。有些科学家设计的设备将被送入太空，而有些科学家甚至成为了航天员。

15

美国国家航空航天局雇用的科学家涵盖15个科研领域。

公共事务

大众对太空和航天员的工作充满好奇心，为此航天机构雇用工作人员向公众解释火箭的发射过程、新的太空任务和具有挑战性的太空漫步等细节。在这个领域工作的人需要了解这些任务背后的科学知识，并且能够以有趣、令人兴奋的方式向大众普及。

其他令人兴奋的太空职业

▶ **电 工**

太空中的所有的活动都离不开电力。因此航天机构雇用受过专门训练的电工，设计能够在极端环境下工作的电气设备。

▶ **任务规划员**

制定太空任务以实现任务目标的人被称为任务规划员。他们设计时间表，计划航天员的训练，并且鉴别任务中涉及的风险。

▶ **天文学家**

研究宇宙中的行星、恒星和其他天体的科学家被称为天文学家。他们在地球上和太空中使用巨大的望远镜等设备来探索宇宙。

先练习

国际空间站和用于运送航天员的航天器是一些有史以来最复杂的机器。在进入它们之前，航天员必须准确了解它们的工作原理，以便能够正确地控制它们，并且对可能发生的任何问题做出正确的反应。他们在地面上用与原物一样大小的航天器的精确复制品（被称为模拟器）进行训练，并且必须通过规定的测试项目才能正式执行任务。

▶ 模拟器训练

在右图中，法国航天员托马斯·佩斯凯在联盟号飞船的复制品中接受任务训练。他面前的手册中写着一套复杂的指令，告诉他如何操作和控制这个装置。联盟号飞船非常狭窄，以至于航天员经常使用"戳棒"来点击难以触及的按钮。

屏幕监控

监督员监控在模拟器中训练的航天员。为了确保航天员做好应对各种情况的充分准备，工程师对模拟器进行了编程，故意加入一些意外的技术故障作为训练的一部分，而航天员则必须解决这些故障。

你知道吗？

航天员在第一次执行任务前至少要在模拟器中训练300小时。

加加林航天员培训中心

联盟号飞船的复制品

联盟号飞船模拟器位于俄罗斯星城的加加林航天员培训中心。这个中心是一个巨大的综合基地，用于航天和航天员的培训。星城有6000多居民，其中许多人为俄罗斯的太空计划工作。

重力训练

太空旅行中最令人难以想象的事情也许是微重力环境,也就是物体都漂浮着,而不是保持在地面上的情形。国际空间站中的重力几乎与地面上的重力一样强,这是使空间站环绕地球运行的原因。而航天员漂浮是因为他们和他们所居住的空间站在环绕地球运行的过程中不断地向地球做"自由坠落"运动,而没有地面来阻止这种坠落运动,因此航天员不会像我们在地面上那样"感受到"重力,这意味着他们可以漂浮。即使在地面上已经进行了针对性训练,航天员通常也需要经过一段时间才能适应微重力环境。

▶ "呕吐彗星"

在地面上复制微重力环境极具挑战性。最好的方法是抛物线飞行,飞机以高速反复上升和下降,导致其中的乘客自由漂浮。抛物线飞行让有些乘客感到想呕吐,因此被戏称为"呕吐彗星"。

上升和下降

抛物线飞行是指一种经过特殊改装的飞机爬升到高空,然后坠落,就像过山车一样。飞机上没有任何供乘客使用的座位,但是墙上有软垫来保护乘客免于碰伤。这种飞机由3名飞行员控制。

零重力飞机

上 升

飞行员增加发动机的动力,使飞机向上爬升。随着飞机加速,乘客感到他们的体重是在地面上的2倍。

抛物线

在一定的高度,飞行员减小油门,使飞机进入抛物线飞行,这时失重就开始了。在抛物线飞行期间,乘客可以漂浮约25秒钟。

一旦飞机被拉出俯冲,就会重复刚才的过程。这个过程可以重复多次

下 降

当飞机向下俯冲到一定的高度后,飞行员会拉起机头使飞机保持平稳。这时乘客将再次体验到身体的重量。

工作中的航天员

抛物线飞行不仅好玩，它也为航天员提供了练习在太空中所需要的基本技能的机会。

掌握简单的技巧

在似乎没有重力的情况下，系安全绳和解安全绳之类的基本任务可能会变得困难。在抛物线飞行中掌握这些技能将有助于防止自己在太空漫步中飘走。

电动工具练习

航天员在抛物线飞行期间练习使用钻头，为执行任务做准备。在太空中操作电动工具可不容易，这是因为航天员在微重力环境中很难稳定自己的身体。

超重力

航天员不仅在执行任务期间暴露在微重力环境中。当作用于他们的力大于在地面上的重力时，他们也会承受超重力。为了帮助他们做好准备，航天员使用离心机进行训练。离心机是一种快速旋转的机器，使里面的物体受到类似于发射和返回期间所受到的强大的力。

人体离心机

一名航天员坐在机械臂末端的训练舱内。当机械臂旋转时，会产生一种将他压向座椅的力。

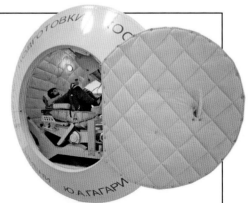

绑紧安全带

训练舱的内部有屏幕和控制装置。航天员用安全带固定自己，在高速旋转的情况下执行任务。

泳池练习

在执行任务期间，航天员可能需要进行太空漫步。太空漫步并不容易，所以航天员需要事先在地面上尽量练习。而在地面上重建国际空间站的微重力环境是不可能的，因此他们只能退而求其次，在被称为"中性浮力"实验室的巨大游泳池里练习。漂浮在水中的感觉类似于航天员在太空中所经历的失重感觉。

▼ 水下复制品

位于得克萨斯州休斯敦的中性浮力实验室是美国最大的游泳池。这个游泳池的水量足以充满9个奥林匹克规模的游泳池，但是仍然不足以容纳与原物一样大的完整的国际空间站复制品。

你知道吗？

泳池中的训练课程可长达7个小时。

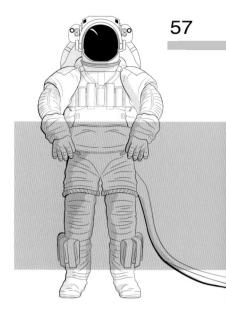

穿宇航服

当航天员在地面上穿着用于太空漫步的宇航服时，感觉要比在太空中重得多，因此航天员必须在有人帮助的情况下才能穿上它，就像左图中的意大利航天员卢卡·帕尔米塔诺一样，可能需要45分钟才能穿好。

起 重

一旦航天员穿好宇航服，起重机就将他们站立的平台提升，然后将他们缓慢地放入水中。在解开将航天员系在平台上的安全绳之前，辅助潜水员会检查航天员是否能够安全地漂浮在水中。

水中训练

照片中的安德烈亚斯·莫根森是第一位进入太空的丹麦航天员。他正在中性浮力实验室进行水下练习，为2015年的国际空间站任务做准备。

水下训练

在水下训练课程中，航天员练习使用在太空漫步期间可能要用的工具和设备。在充满挑战的太空环境中，微重力和极端温度会使有些工具非常难以控制。右图中的航天员在拧紧螺栓之前将自己用安全绳系在空间站复制品上，否则拧螺栓的旋转动作也会导致自己转动！水下训练的目的之一是使航天员习惯于穿笨重的宇航服活动。穿这种服装一段时间后可能会感到非常不舒服，厚厚的手套使航天员即使执行简单的任务也会感到很累。

密切监督

几台摄像机提供了航天员在中性浮力实验室进行的水下练习的实时画面。专家监控屏幕来评估航天员在训练中的表现，并且查看正在被试用的新设备。

安全团队

一组水肺潜水员在整个训练过程中为每位航天员提供辅助，例如，在游泳池里搬动航天员，这是因为航天员穿着宇航服无法游泳。更重要的是，如果航天员在水中遇到困难，水肺潜水员会立即提供援助。

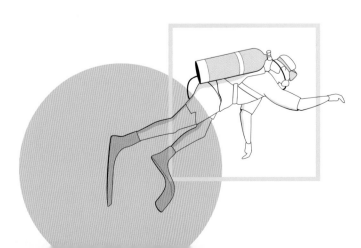

太空学校

航天员是世界上最令人兴奋的工作之一，但是航天员需要接受大量的训练，并进行大量的艰苦工作而且不能停止学习。任何被美国国家航空航天局选中接受航天员训练的人都被称为航天员候选人。在获得航天员资格之前，航天员候选人要花近2年的时间学习理论知识、练习使用设备和接受室外训练挑战，以提高他们解决问题的能力和应对困难情况的能力。

医疗训练

国际空间站中并不总有医生，因此航天员必须学习处理常见的健康问题，例如晕车或疼痛。在训练中，他们还学习注射和急救技能，包括缝合伤口和处理烧伤。

洞穴挑战

在为前往国际空间站的任务做准备时，在洞穴中进行训练似乎是一件奇怪的事情。然而，这实际上是让航天员体验密闭空间并且在其中练习寻找队友的好方法。2012年，一组航天员在意大利撒丁岛的训练中发现了一种新的穴居甲壳类动物，学名是恒星水虱（Alpioniscus Sideralis）。

3

欧洲航天局为航天员提供3个星期的洞穴训练课程。

海上求生

太空探索技术公司的龙飞船被设计成能在海上溅落。俄罗斯的联盟号飞船在需要时也可以进行紧急海上溅落。因此航天员必须学习如何安全地离开溅落在海上的飞船，以及如何在等待救援期间保持漂浮和身体温暖。

24

太空探索技术公司的龙飞船溅落到海面时的速度是24千米每小时。

保持平衡

　　许多航天员在刚进入太空时会感到头晕，这是因为他们的平衡感官感到了异常情况。为了帮助他们快速适应，他们在升空前必须接受针对性训练，例如，坐在高速旋转的椅子上，躺在向各个方向倾斜的台子上，等等，以帮助他们的平衡感官适应不寻常的感觉。

触觉手套探测手指的位置，并且对指尖施加压力，让航天员感觉到好像他们正在触摸眼镜中出现的物体

虚拟现实训练

　　虚拟现实是由计算机创造的世界，它让航天员无需离开地面就能熟悉他们将在太空中所经历的环境。航天员戴着虚拟现实眼镜和专用手套，进行抓取物体和使用工具等练习。

野外降落

　　尽管科学家可以较精确地控制航天器将在哪里降落，但是航天员必须准备好降落在远离目标的地方，甚至可能降落在森林或沙漠中。因此，作为训练的一部分，他们必须学习如何仅依靠他们的生存包中的物品在野外生存。

其他训练

▶ 缺氧训练

　　缺氧反应是当身体没有得到足够的氧气时会发生的生理反应。航天员必须了解有关缺氧的知识，能够识别相关症状，例如色觉丧失，并且知道如何在缺氧昏迷之前进行自救。

▶ 科学训练

　　并非每位想成为航天员的人都是科学家，因此在训练中有基本科学技能的课程。

▶ 地质训练

　　现在，许多航天员学习地质学，也就是研究岩石的学科。这是为月球旅行，甚至火星旅行做准备。

耳麦

　　所有航天员在发射过程中都戴着耳麦。这种耳麦有2个麦克风和2个耳机，以防其中一个出故障。耳麦使航天员能够在航天器的噪声中相互交谈，并且与任务控制中心交谈。

穿什么

　　发射、对接和着陆，这些都是航天任务中最危险的时刻。在这些时刻，所有航天员都穿着宇航服。如果发生紧急情况，例如，舱内空气泄漏、舱室减压等，宇航服可以保护穿着者的安全，维持身体周围的气压，并且为穿着者提供呼吸所需要的氧气。

胸前亮蓝色的阀门可以转动，用来调节宇航服内的压力

手套是可拆卸的

每条裤腿上有两只实用口袋

▶ 索科尔宇航服

　　所有乘坐联盟号飞船的航天员都穿着被称为索科尔（意为"猎鹰"）的宇航服。自从20世纪70年代被首次推出以来，索科尔宇航服的设计并没有太大的变化。

紧急压力气囊

　　如果航天器内的气压突然下降，索科尔宇航服内的压力气囊会像气球一样自动膨胀，以保护穿着者。如果没有这只气囊，降压就会导致航天员失去知觉，甚至死亡。

保持凉爽

所有航天员在前往航天器时都会随身携带着一只小箱子。这只小箱子是一个便携式通风装置，它将冷空气泵入索科尔宇航服内。如果没有这个装置，航天员将无法穿着宇航服超过一个小时，这是因为他们的体热无法散出，会变得太热。

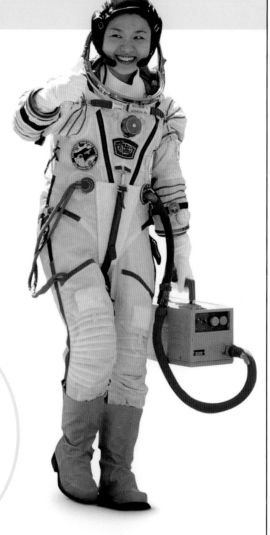

你知道吗？

航天员穿着索科尔宇航服行走时需要稍微弯腰，这是因为宇航服是为坐着的姿势而不是站着的姿势设计的。

宇航服充气时必须关闭护目镜。在图中，面罩被拉下关闭以保护护目镜

检查泄漏

发射前，所有航天员都会给他们的索科尔宇航服充气，检查是否有空气泄漏。如果有空气泄漏，那将表明宇航服上有洞。索科尔宇航服必须完全密封。如果出现紧急情况，任何洞，无论多么小，都可能导致灾难性的后果。

定制座位

航天员在发射升空和重新进入地球大气层的过程中会受到震动。为了防止他们受伤，他们的座椅被完全按照他们的身体形状塑形。

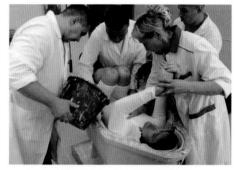

先测量航天员的身体尺寸，然后将他们放入一只大容器中，将快干的石膏浇在他们周围。

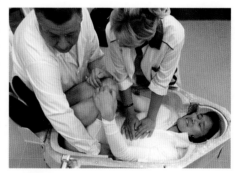

座椅工程师在石膏固化过程中帮助航天员保持不动，得到的石膏模型被用于定制座椅衬垫。

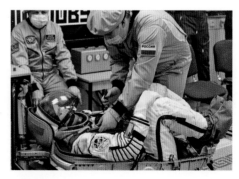

座椅衬垫做好后，航天员会穿着索科尔宇航服对座椅衬垫进行试坐，以确定是否舒适。

任务控制中心

从发射到着陆，所有航天飞行，无论是载人还是无人，都由地面的任务控制中心全程监控。在任务控制中心工作的是一支由飞行总监领导的，由飞行控制员、工程师和支持人员组成的团队。世界各地隶属于不同航天机构的任务控制中心每天24小时监控数据、与机组人员交流，并且在巨屏上观看实时视频片段，以确保航天员、航天器的安全。

◀ 约翰逊航天中心

位于美国得克萨斯州休斯敦的美国国家航空航天局约翰逊航天中心是全面负责国际空间站的任务控制中心，它与各个国家的航天机构密切合作，与任务中的航天员共享信息，并且为他们制订活动计划。

负责国际空间站的其他任务控制中心

所有航天机构都有自己的任务控制中心，负责在自己的空间站模块上进行的所有活动和实验。

俄罗斯联邦航天局任务控制中心

这个任务控制中心位于俄罗斯莫斯科附近的科罗廖夫。它跟踪联盟号飞船的飞行和着陆，并且监控国际空间站的6个俄罗斯模块。

筑波航天中心

日本的筑波航天中心位于东京附近，是任务控制中心的所在地。那里的工作人员负责管理国际空间站上的日本希望号实验舱以及在那里进行的所有实验。

德国宇航中心

在欧洲，位于德国科隆的德国宇航中心负责管理欧洲航天局哥伦布实验舱内的所有活动，这个实验舱是国际空间站上最大的舱。

发射仪式

载人航天飞行并非没有风险,而航天员是一个有趣的群体。自从人类开展太空飞行以来的这些年里,已经形成了许多传统,包括一些很奇怪的传统。航天员认为追随执行相同任务的先辈的脚步可以帮助他们感到自己将成为历史的一部分,并且在心理上为即将到来的发射做好准备。这里描述的是即将乘坐俄罗斯联盟号飞船的航天员所奉行的仪式,但是毫无疑问,随着其他载人航天器的推出,新的仪式也将产生。

给加加林献花

苏联航天员尤里·加加林是第一位太空人。他去世后,他的骨灰被安置在苏联莫斯科的巨大城堡克里姆林宫宫墙的壁龛里。每位航天员在发射任务前的几个星期都会去尤里·加加林的安息处,献上一束红色康乃馨。

为运载火箭祝福

在哈萨克斯坦的拜科努尔航天发射场中,一位牧师为运载火箭和航天员祝福。这项仪式始于1994年,当时俄罗斯航天员亚历山大·维克托连科要求一位牧师在联盟M-20飞船的机组人员飞往和平号空间站之前为他们祝福。从那以后,每次发射任务都会有牧师祝福。

俄罗斯牧师喷洒圣水为运载火箭和机组人员祝福

在酒店的门上签名

在发射任务的当天,就在离开航天员酒店之前,所有航天员都会在酒店的一扇门上签名。在下图中,美国航天员瑟琳娜·奥南-钱塞勒于2018年在前往航天器之前继承了这一传统。

植 树

在执行任务前大约2个星期，航天员会在哈萨克斯坦拜科努尔的航天员酒店后面的一条大道边种上一棵树。在上图中，日本航天员若田光一（左）和美国航天员里克·马斯特拉基奥（右）正在种植一棵树苗。

1961

1961年，苏联航天员尤里·加加林在此种植了第一棵树。

个人吉祥物

很多航天员会携带一个可爱的小玩具进入航天器，以求好运和吉祥。这只玩具还可以用作微重力指示器。当它开始漂浮时，航天员就知道他们已经处于微重力状态。

其他有趣的发射仪式

▶ **牛排和鸡蛋**

有些美国航天员在发射任务前的最后一餐会选择牛排和鸡蛋，这是因为第一位进入太空的美国人艾伦·谢泼德在发射任务前吃的最后一餐是牛排和鸡蛋。

▶ **电影之夜**

发射任务的前一天晚上，机组人员会聚集在一起观看苏联电影《沙漠的白色太阳》。这一传统可以追溯到20世纪70年代初的联盟12号飞船。

新闻发布会

航天员在发射任务前会举行新闻发布会，与来自各个新闻机构的记者交谈。在上图中，远征56的机组人员谈论了计划中的实验和太空漫步。

▼ 联盟号飞船

联盟号飞船高7米，质量近7吨，大约相当于3头犀牛的体重。将它发射升空的火箭是近50米高的联盟号运载火箭，如右图所示。联盟号飞船被安装在联盟号运载火箭的顶端和被称为整流罩的保护性鼻锥的下方。

1 联盟号飞船和运载火箭分别在不同地点制造，然后被运往哈萨克斯坦的拜科努尔航天发射场组装在一起。在上图中，联盟号飞船正在被放入白色外罩，然后将被一起安装在联盟号运载火箭的顶端。

2 联盟号运载火箭通过铁路从机库被运送到发射台。

3 ▶ 当起重机将联盟号运载火箭竖直后，工作人员会进行一次预演，在此期间，他们会检查所有电气和机械系统是否正常工作。

哈萨克斯坦的拜科努尔航天发射场

这座发射场是世界上最大的太空港，所有苏联和俄罗斯的航天器都从这里升空。自从1957年被首次使用以来，这里已经进行了400多次发射。

发射日

经过多年的训练和辛勤工作，当航天员完成准备工作后，就准备离开地面，进入预定轨道。联盟号飞船从1966年开始，50多年来一直在进行将航天员送入太空的工作。每艘联盟号飞船只能被使用一次，因此每次太空之旅都会建造一艘新的联盟号飞船。从2011年到2020年，它是世界上唯一可以将航天员运送到国际空间站的交通工具。

联盟号飞船只能容纳3名航天员

准备好出发

航天员在起飞前5个多小时抵达发射场。当工程师检查运载火箭时，航天员穿着索科尔宇航服（见第62—63页）做好准备，并且与他们的家人和朋友们道别。

通勤上班

航天员从起飞到进入太空仅需大约9分钟。当运载火箭开始上升时，联盟号飞船里面的航天员会感觉到它的剧烈震动。3小时到2天后，联盟号飞船将会与国际空间站对接。

3……2……1……起飞！

起飞前2个半小时，航天员就座，35分钟后舱门被关闭。升空前29秒，运载火箭的主发动机点火，气流向下喷出，将运载火箭向上推动。

轨道器
升空约9分钟后，联盟号飞船进入围绕地球运行的预定轨道。它的太阳能电池板一进入轨道就会展开。

第三级
升空5分钟后，当第二级发动机的燃料耗尽后，也自行脱落。第三级发动机开始工作。

第二级
升空2分钟后，火箭上部的保护罩和为升空提供额外动力的第一级发动机自行脱落。第二级发动机启动。

▲ 对 接
联盟号飞船和国际空间站都在高速飞行中，因此航天员在对接的过程中必须非常小心。他们逐渐调整飞船的速度，使它与空间站的速度相同，然后使它慢慢靠近，直到足够接近空间站。

第一级
第一级发动机在升空前点火，燃料足够燃烧2分钟。

点火起飞
一枚满载的联盟号运载火箭，例如2008年从哈萨克斯坦的拜科努尔航天发射场发射的这枚火箭，起飞时大约有60头大象那么重。

发射过程
联盟号运载火箭由3个部分组成，被称为三级，每级都有自己的发动机。当前2级的燃料耗尽后，就会自行脱落，以减轻向上飞行的其他部分的负担。

停泊

　　当联盟号飞船与国际空间站对接后，它就停泊在那里，直到机组人员准备返回地面。

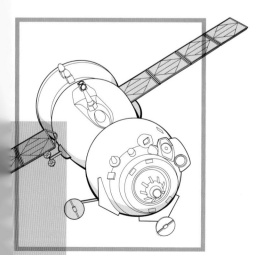

太空会面

　　在空间站中接待访客的情况不常发生，因此敲门是一件非常令人兴奋的事情。在左侧的照片中，美国航天员斯科特·凯利（上右）和俄罗斯航天员米哈伊尔·科尔尼延科（上左）于2015年3月28日从联盟号飞船飘入国际空间站，受到美国航天员特里·弗茨的欢迎。

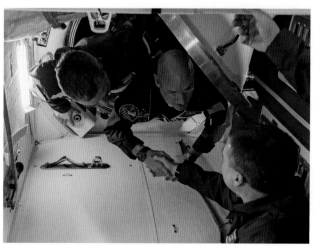

载人龙飞船

太空探索技术公司由出生于南非的亿万富翁埃隆·马斯克创立，它是一家设计、制造和发射运载火箭和航天器的公司。2012年，它成为第一家向国际空间站发送货运航天器的私营公司。2020年，可部分重复使用的龙2号飞船开始将航天员运送到国际空间站，它还可以运载重达6吨的物资。

▼ 全部登船

2021年4月，4名航天员登上奋进号龙飞船，执行太空探索技术公司的2号载人任务，前往国际空间站。与早期航天器杂乱的内部空间相比，龙飞船相对宽敞，甚至还有一个封闭的厕所区域。

准备发射

被用于发射龙飞船的火箭是名为猎鹰9号的Block 5型的70米长的两级运载火箭。太空探索技术公司的猎鹰9号运载火箭是以电影《星球大战》中虚构的星际飞船"千年猎鹰"的名字命名的。

这只头盔
可以密封

这套宇航
服是防火的

太空探索技术公司的宇航服

机组人员在飞行中穿着宇航服，以防发生紧急情况。这款宇航服被设计得相对轻便和灵活，适合在不完全暴露在太空中的情况下穿着。

LC—39A 发射台

太空探索技术公司用位于美国佛罗里达州肯尼迪航天中心的LC—39A发射台来发射它的载人任务。这里是阿波罗登月任务和航天飞机的发射台。附近的水平组装设施被用于组装运载火箭。

在控制中

虽然龙飞船主要在自动控制下飞行，但是每次飞行仍然配备一名训练有素的飞行员。

从发射到对接

发射时，龙飞船被放置在猎鹰9号运载火箭顶端的保护性鼻锥内。龙飞船大约需要一天的时间才能到达国际空间站。

1 猎鹰9号的第一级火箭点火发射。2分钟后，发动机熄火，自动与第二级火箭分离，然后掉落。

2 第一级火箭有控制地返回地面，利用剩余的燃料垂直着陆，修复后可以重复使用。

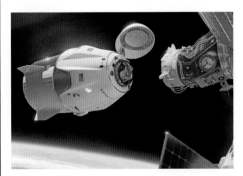

3 龙飞船被第二级火箭推入太空后，飞向国际空间站，调整速度，使自己与空间站的速度相匹配，然后自动对接。

太空运输工具

从国际空间站被建造的第一天开始，各国航天机构就一直需要可靠的运输工具来安全地在地面和国际空间站之间运送航天员和物资。俄罗斯最可靠的航天器几十年来没有太大的变化，但是2011年航天飞机的退役迫使美国设计新的运输工具来取代它。与此同时，中国继续以比任何其他国家都快的速度发展太空运输。这里提到的早期航天器都是一次性的，也就是仅能被使用一次。但是最新的美国航天器，例如龙飞船和猎户座飞船，具有可重复使用的乘员舱。

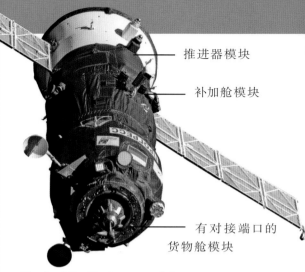

推进器模块

补加舱模块

有对接端口的
货物舱模块

进步号货运飞船

作为国际空间站的货运主力，由苏联设计建造，被俄罗斯继承的进步号货运飞船是以联盟号飞船为基础设计的无人飞船。自从2000年以来，它们平均每年前往国际空间站进行3到4次运输。

1978

1978年，进步号货运飞船首次飞行。

天舟号货运飞船

天舟号货运飞船于2017年首次发射升空，它是为中国的天宫空间站运送补给的无人航天器。作为一艘一次性飞船，它会在返回地球大气层中燃烧殆尽。

6500

天舟号货运飞船的载货量达6500千克。

波音公司的星际客船

美国的星际客船由一个可重复使用的乘员舱和一个一次性的服务舱组成，最多可搭载7名航天员进入近地轨道，或最多可搭载4名航天员到达国际空间站。

着陆试验

巨大的安全气囊膨胀，帮助测试舱软着陆。

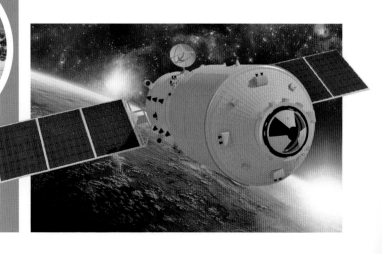

天鹅座飞船

无人驾驶的天鹅座飞船是美国为国际空间站的货运任务而设计的，于2013年首次飞行，它的作用相当于俄罗斯进步号货运飞船。在为国际空间站运送补给后，天鹅座飞船会满载垃圾返回，进入地球大气层中燃烧殆尽。

联盟号飞船

自从20世纪60年代以来，一直被使用的联盟号飞船是一种一次性的航天器。在2011年至2020年期间，它是唯一能够将航天员运送到国际空间站的航天器。此外，自从2000年以来，一直有一艘联盟号飞船停泊在国际空间站上，被用作紧急情况下的"救生艇"。

龙飞船

从2010年到2020年，太空探索技术公司的部分可重复使用的货运龙飞船是第一艘从轨道上安全返回的私营公司制造的航天器。它可以运输3300千克的物资。2020年，它被龙飞船2号所取代。龙飞船2号有两种类型，一种运载物资，另一种运载航天员。

在空间站停泊
加拿大臂2号抓住了龙飞船，帮助它停泊在国际空间站上。

其他太空运输工具

▶ **白鹳号货运飞船**
这种无人驾驶的一次性日本货运飞船于2009年首次发射升空，在2020年退役之前执行了9次为国际空间站运送补给的任务。

▶ **神舟飞船**
中国神舟飞船从1999年开始将物资运往太空，并且从2003年开始载人。

▶ **猎户座飞船**
猎户座飞船将是用美国国家航空航天局迄今最强大的运载火箭"太空发射系统"发射的飞船。它可以运载4名航天员，将他们送往比以往任何人都去得更远的太空。

幕后角色

飞行总监

在地面上，负责管理国际空间站和国际空间站辅助团队的人被称为飞行总监。这是一个负有多方面责任的职位，包括全面监控太空任务，对各种情况做出决定，并且拥有最终决定权。当出现问题的时候，飞行总监的工作是在团队的支持下做出快速和明智的决定，以保护航天员和空间站。

飞行控制员

飞行控制员监控来自国际空间站的数据，在白天、晚上和周末轮班工作，以发现问题和回答问题。飞行控制员定时向飞行总监报告。

FLIGHT DIRECTOR

POS 4273

LOOP RECORDER

CONNECTED TO LSOS PALLET

其他任务控制职位

运营国际空间站是一项复杂的工作，飞行总监无法独自完成，因此他拥有一支具有各种技能和专业知识的大型团队，以确保空间站的安全。例如，航天医生负责机组人员的身心健康，导航专家跟踪空间站，机器人技术员负责监控空间站的机械臂。

航天通信员

航天通信员是极少数能够直接与太空中的航天员交谈的人之一。这个岗位通常由在地面上的航天员担任。

飞行控制员

任务控制中心在任何时候都有十几位飞行控制员在工作，每位飞行控制员都有特定的责任，例如，监控、对接和协调太空漫步。

公共事务官员

公共事务官员是国际空间站的公众形象，他们与公众分享有关空间站的发射和其他活动的激动人心的故事，并且让公众及时了解太空新闻。

空间站中的生活

4

航天员需要一段时间才能适应在国际空间站中的生活。当他们刚到达空间站时，可能会有点笨拙，因此需要练习如何在微重力环境中自如地行动。一旦安顿下来，他们就会严格地遵循任务控制中心所制定的日程安排，包括保持空间站的干净整洁，以及锻炼2个小时以保持肌肉、心脏和骨骼强壮。空间站中的生活很忙碌，但是也有安静的时刻，使航天员有时间欣赏壮观的景色。晚餐时间是航天员一起放松的机会，可以享受在食物飘走之前就吃掉它们的独特体验！

你知道吗？

国际空间站内墙上的所有文字都朝向同一个方向，使航天员有一个共同的"上方"。

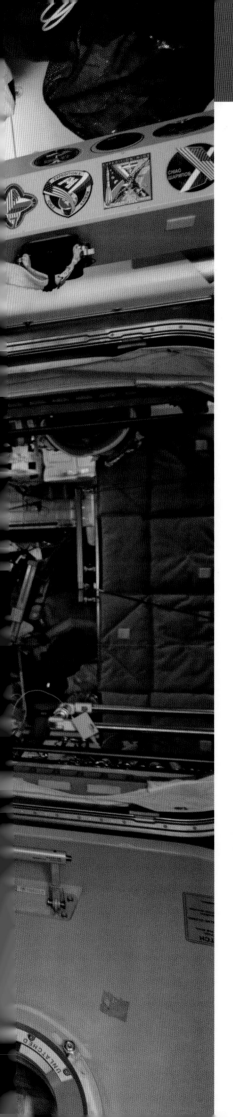

哪个方向是上？

　　航天员乘坐狭窄的航天器旅行到太空，只有在登上国际空间站后，才能完全体验在微重力环境中的生活。任何没有被系好的物品都会四处飘荡，航天员自己也会飘荡。这是一种令人困惑的体验，起初他们会经常感到头晕或恶心。然而几天后，他们就会克服这种"航天适应综合征"，并且充分体会到在环绕地球运行的轨道上的生活的优点和缺点。

◀ 是上方，还是下方？

　　国际空间站里安装了很多设备。由于地板、墙壁和天花板之间没有区别，因此每个表面都被设备塞满，不过每个表面都有标记，以便航天员找路，以及寻找到他们需要的东西。

小任务，大努力

　　在微重力情况下一不小心物体就会飘走，使简单的任务变得困难。出于这个原因，国际空间站内有许多脚蹬、带子和尼龙搭扣，使航天员可以将自己和设备固定在适当的位置。

　　在太空中，口袋和尼龙搭扣对于防止物体飘走是必不可少的。航天员经常穿着缝着尼龙搭扣的短裤或长裤

　　航天员将脚卡在脚蹬中，将自己锚定

味觉测试

　　航天员经常说他们的味觉在太空中发生了变化，而且在微重力环境中进食需要技巧。过去，太空任务只持续几天，所以食物的味道并不重要。如今，太空任务可能持续数月，而美味的饭菜能使航天员保持快乐和健康，这对完成任务至关重要。在出发之前，航天员与食品科学家一起决定准备哪些食品。

评分卡
　　航天员根据味道、质地、外观和气味等几个因素给一些食品打分。

庆祝餐的准备工作

自从2006年以来，法国著名厨师艾伦·杜卡斯一直为欧洲航天员提供适合于在国际空间站中举行庆祝活动时用的精美餐点。像典型的太空餐一样，这些特殊的餐点也必须能被保存很长时间，可以让航天员在太空中安全食用。

1 艾伦·杜卡斯的团队成员在烹饪食物时戴口罩、手套和帽子，以保持清洁。

2 将煮熟的食物块放入罐中，并在罐盖被密封之前添加酱汁。

3 将密封罐置于辐射之下以杀死危险的细菌，降低在太空中患胃肠炎的风险。

4 包装和清洁后，密封罐就可以被运往发射设施了。

你知道吗？

苏联航天员尤里·加加林在太空中吃的第一餐是鱼子酱和肉酱。

▲ 起飞前试吃

许多即将访问国际空间站的航天员前往位于美国休斯敦的美国国家航空航天局太空食品系统实验室，试吃各种食品，并且选择他们最喜欢的食品。空间站内禁止某些食品，例如，面包和薯片，这是因为它们会产生碎屑。

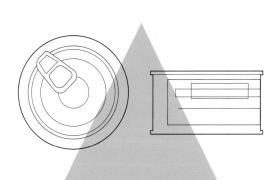

糊状、块状还是粉末状？

在20世纪60年代，执行美国国家航空航天局水星计划的航天员享用了蘑菇汤、浇汁鸡肉、蔬菜牛肉以及梨和草莓等食品。这些食品被做成糊状、一口大小的块状或粉末状，然后被装在软管里，看起来就让人没有食欲。

▶ 布置餐桌

国际空间站有两个厨房区域，一个在俄罗斯的星辰号服务舱中，另一个在美国的团结号节点舱中。团结号节点舱的厨房有一张特别改装过的餐桌，上面有用来固定小袋子、瓶子以及餐具的尼龙搭扣和夹子，以防这些物品飘浮到伸手不可及的地方。

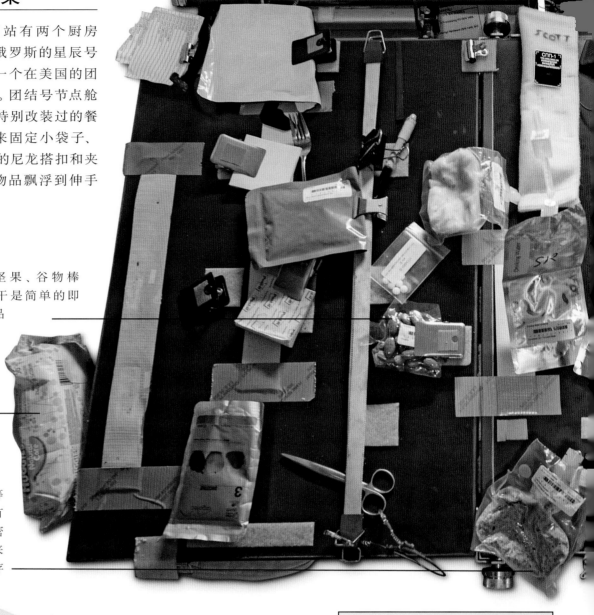

坚果、谷物棒和饼干是简单的即食食品

抗菌湿巾被用来清除洒出来的食物

汤和鸡蛋等食品被去除了所有空气和水分后，密封在真空袋中，来延长它们的保存期限

晚餐吃什么？

在太空中进餐与在地面上的家中进餐完全不同。在微重力环境中，如果食物没有被固定，就会飘走；也不能用杯子喝水，这是因为杯子里面的液体不能像在地面上那样被倒出来。在长期任务中，食物是保持航天员快乐和健康的重要因素。科学家和工程师想出了一些巧妙的方法，让太空中的饮食变得尽可能地令人愉快。

太空趣事

披萨饼派对

2001年，美国比萨饼专卖连锁企业必胜客安排向国际空间站提供了"世界外"披萨饼外卖服务。下图是俄罗斯航天员尤里·乌萨切夫正在愉快地享用一片披萨饼。

在太空中喝饮料

航天员用吸管从饮料袋中喝饮料,而不是用杯子喝。饮料袋有一个螺旋盖,很像牙膏管上的盖子,可以关闭以防止饮料逸出。

辛辣的调味品被装在小瓶子里

剪刀可以被用来剪开食物袋

准备食物

有些太空餐,例如,通心粉和奶酪是脱水的,也就是干燥的。航天员将食物袋或饮料袋连接到厨房的补液站,注入热水或冷水。许多食品,例如,火腿或鸡肉都经过热稳定处理,也就是将它们加热,以消灭任何有害微生物,然后密封在袋子里。航天员在进食前将这些食品放入专门设计的烤箱中重新加热。

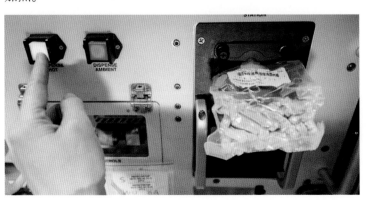

航天员最喜爱的食品

在微重力环境中,体液聚集在航天员的上半身,包括他们的头部。这会使他们的味觉变迟钝,因此他们最喜欢的食物通常具有强烈的辛辣味。

鸡尾虾

自从第一批航天员进入太空以来,这道海鲜菜肴上的辣酱就使它成为航天员的最爱。

太空墨西哥卷饼

在太空中不能食用面包,这是因为面包屑会卡在空间站的系统中。用玉米饼制成的墨西哥卷饼是一个很好的替代品,上面的酱汁有助于粘住其他成分。

日本拉面

自从日本航天员野口聪一于2005年将这种辣汤面带到国际空间站后,这种微重力版的辣汤面就一直是诸多航天员的最爱。

食物交换

2019年10月1日，远征60的机组人员聚集在星辰号服务舱里享用庆祝餐，欢迎新来的美国航天员杰西卡·梅尔、俄罗斯航天员奥列格·斯克里波奇卡和阿拉伯联合酋长国航天员哈扎·曼苏里。对于航天员来说，聚餐是一个提高团队亲和力的好机会，并且可以使他们在一天的辛苦工作后放松一下。这也是一个分享自己国家的菜肴并且品尝其他国家的菜肴的好机会。美国国家航空航天局和俄罗斯联邦航天局提供了大部分食物，但是其他航天机构经常会带来一些自己国家的美食。

扩展菜肴单

航天员若田光一于2009年成为国际空间站的一位日本居民，他带来了由日本宇宙航空研究开发机构开发的28种新菜肴，将国际空间站的菜肴种类扩展到大约200种。

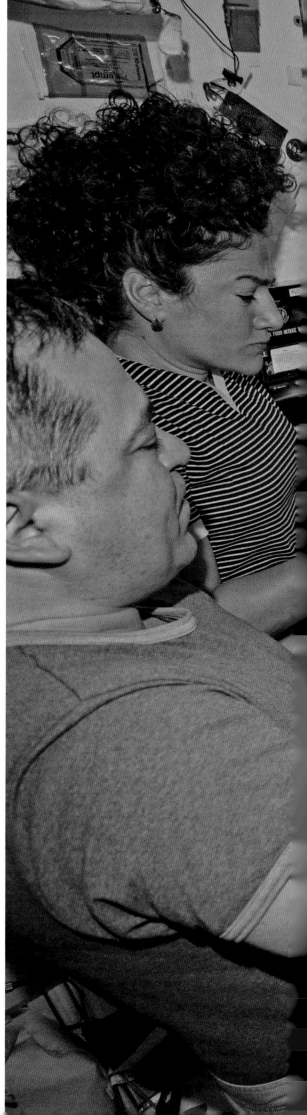

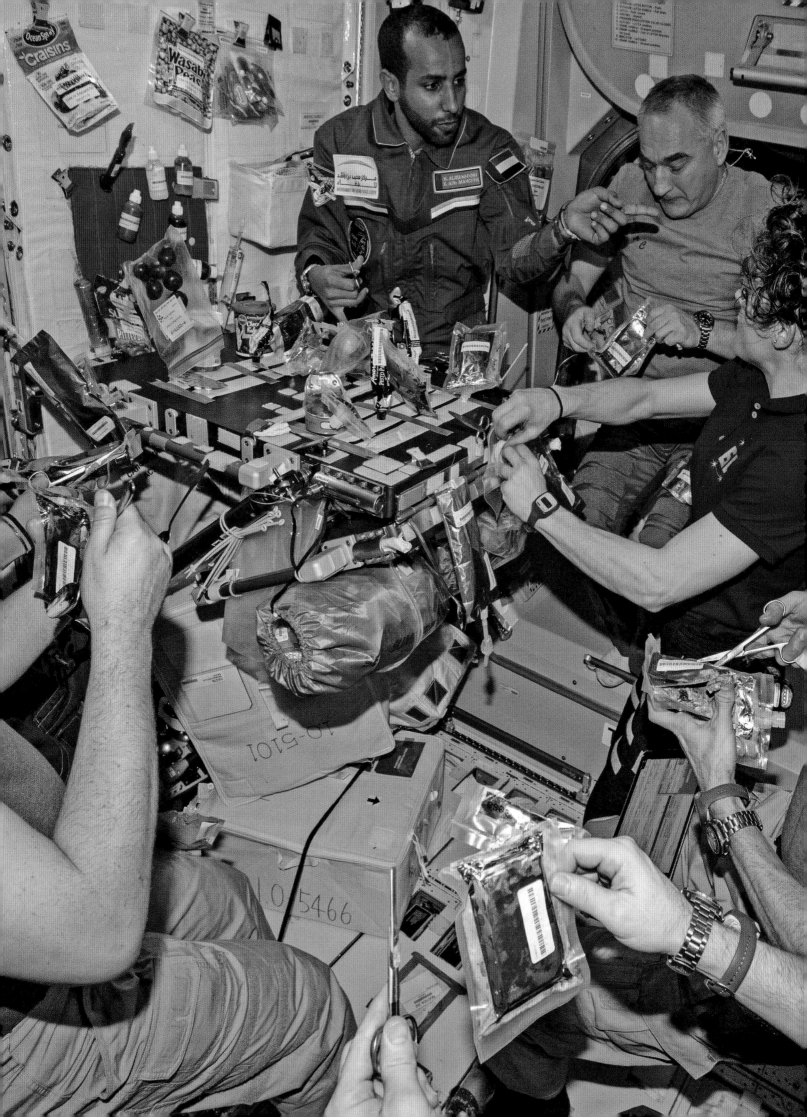

新鲜食物供应

从工作人员和设备到食物和水，国际空间站所有的一切都必须从地面运送来。为了保持国际空间站的供应，各个航天机构定期发射无人航天器，其中一些航天器返回地面后被重新使用，而其他航天器则在将供应物质送到后返回地球大气层中燃烧殆尽。

你知道吗？

一艘日本白鹳号货运飞船可以携带与大象的体重相等的物资。

运输物资

有几种无人航天器为国际空间站提供服务，包括日本的白鹳号货运飞船，这种自动化航天器的长度不到10米。

1 地面上的工作人员将给国际空间站的物品放入轻量级的容器中，然后将容器堆放在托架上，最后小心翼翼地将它们装入白鹳号货运飞船。

白鹳号货运飞船也有一个外部货舱，可以由加拿大臂2号卸货

2 白鹳号货运飞船被装载在H-IIB运载火箭顶端，在日本南部的种子岛发射场发射升空。

3 国际空间站内的航天员监控逐渐靠近的白鹳号货运飞船。

4 空间站内的航天员使用加拿大臂2号抓住白鹳号货运飞船，并且引导它接近和谐号节点舱上的对接端口。

5 对接完成后，白鹳号货运飞船首先卸下物资，然后满载垃圾返航。当它重新进入大气层后，将会燃烧殆尽。

◀ 多汁的零食

货运飞船带来的新鲜水果和蔬菜非常受远离家乡的航天员的欢迎。国际空间站中食品冷藏的空间有限，而水果和蔬菜的保质期很短，但是它们可以在一定程度上增加航天员餐食的多样性。货运飞船还带来了甜食和其他零食，有时甚至还有精心包装的冰淇淋。

大事记

在2015年4月和2015年6月，进步号货运飞船和太空探索技术公司的龙飞船货运舱（下图）在前往国际空间站的途中都分别发生了故障，使空间站几乎面临供应中断的危险。幸亏随后的白鹳号货运飞船和进步号货运飞船成功抵达，避免了这场危机。

环境控制与生命保障系统有4只大冰箱尺寸的机架

制氧系统用电力将水分解成氢气和航天员可以呼吸的氧气

废物管理机将航天员尿液中的水分离出来，然后将水输送给水回收系统

水回收系统用过滤器和化学反应将废水变为清洁水

生命保障

宁静号节点舱中的环境控制与生命保障系统为航天员提供清洁的空气和水，并且回收他们的生理代谢废物。

太空中的家务活

微重力环境中的物体不会老老实实待在一个地方，航天员从地面带来的微生物也会飘得到处都是，因此国际空间站很容易变得不清洁甚至肮脏。为了确保国际空间站仍然是一个宜居住场所，航天员每星期都要化几个小时来打扫他们的家。

失控

这只装有来自国际空间站的真菌样本的盘子展示了当微生物不受控制地生长时会发生什么。国际空间站中的有些微生物可能对空间站内的航天员构成健康风险。生活在特定地方的特定微生物被统称为微生物群系。国际空间站内的微生物群系有55种不同的微生物。

◀ 清扫日

在乱飞的饮料气泡里、食物碎屑里以及咳嗽和打喷嚏产生的飞沫里，国际空间站内的任何地方都有微生物。在左上图中，美国航天员杰克·费舍尔用抗菌湿巾仔细擦拭穹顶舱，以防止微生物聚集在它的部件上。

家务

每个星期六，航天员都会对国际空间站进行彻底清洁，给所有主要模块吸尘，用消毒湿巾擦拭所有表面。他们轮流清理厨房和运动区等最杂乱的模块。

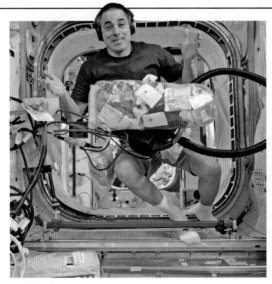

倒垃圾

他们将大多数垃圾装进袋子里，然后装入卸完物资后准备返回大气层中燃烧殆尽的货运飞船。

吸尘

他们用国际空间站中的真空吸尘器清洁容易聚集灰尘和污垢的空气过滤器。

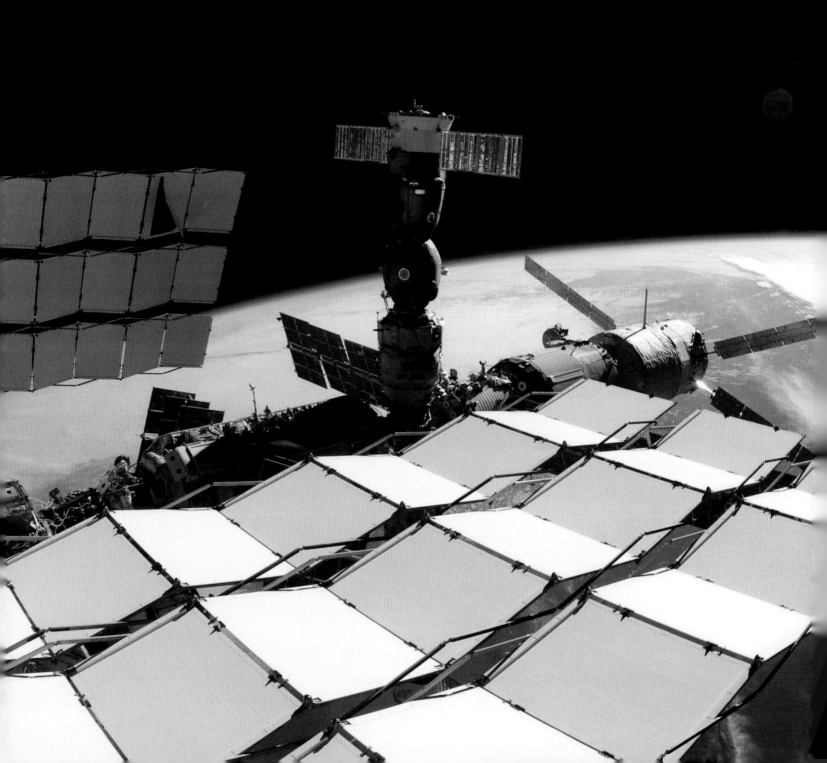

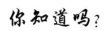

你知道吗？

有些航天员服用褪黑素来保持昼夜节律。褪黑素是一种促进睡眠的激素。（需在医生指导下服用）

日 出

国际空间站每93分钟环绕地球运行一圈，因此在每个地球日经历16次日出和16次日落。这是一种壮观的景象，但是一天中如此多次日出很容易打乱航天员的睡眠模式。幸运的是，通过窗户进入空间站的阳光量有限，因此空间站可以用人工照明来规划航天员的作息日程。

早晨的景色

美国航天员特里·弗茨在穹顶舱中观看日出。窗户上的涂层过滤掉了危险的紫外线，但是太阳光仍然很强烈眩目，因此航天员经常戴着太阳镜。

时间流逝

打乱一个人的作息节律会影响他准确地感知时间的能力。为了解决在国际空间站中的时间感知问题，航天员遵循严格的时间表，将他们的一天分成每5分钟为一个时间段。在上图中，美国航天员维克托·格洛夫使用虚拟现实装置测试空间站中的生活如何影响他对时间的感知和反应速度。

◀ 极端温度

国际空间站每环绕地球运行一圈都会经历巨大的温度变化。当它暴露在阳光下时，它的温度快速上升，而当它陷入黑暗中时，它的温度快速下降。空间站的反射绝缘层有助于屏蔽太阳的灼热光线，而充满氨的散热器（左图中的多个白色矩形板）会将空间站的多余热量散发到太空中。

穹顶舱

国际空间站的穹顶舱于2010年加入，它是国际空间站的一个特别的新增设施，被安装在宁静号节点舱面向地球的一侧（最低点），它的六边形气泡形状和大窗户为航天员提供了观察空间站外景、地球和来访航天器的壮丽视野。

穹顶舱内的航天员可以很容易打开和关闭遮盖板

▶ 欣赏美景

穹顶舱有6个侧窗和1个直径为80厘米的天窗。航天员通过它们来拍摄地球、进行实验，并且在对接期间监控航天器的状态。穹顶舱里有一个控制加拿大臂2号的控制站，航天员可以通过窗户观察并操作这只机械臂。

穹顶舱内部

穹顶舱已经成为航天员放松和思念地球时最喜欢去的地方。舱内窗户下方的监视器、控件和电缆也显示了穹顶舱也是国际空间站的一个重要的工作区域。

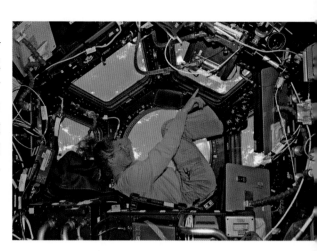

每个窗户都由4层钢化防弹玻璃构成，用来抵御微陨石或太空碎片的袭击

如果窗户被损坏，可以被更换

遮盖板由数层构成

打 开 　　　　关 闭

可开可关

穹顶舱的遮盖板可以关闭，以保护窗户免受太空碎片的袭击，同时也可以防止来自太阳的宇宙辐射，防止在阳光直射下舱内升温太快。反过来，关闭遮盖板也可以防止舱内在黑暗中流失热量，以利于保持空间站内恒定的温度。

每个遮盖板都可以被单独控制

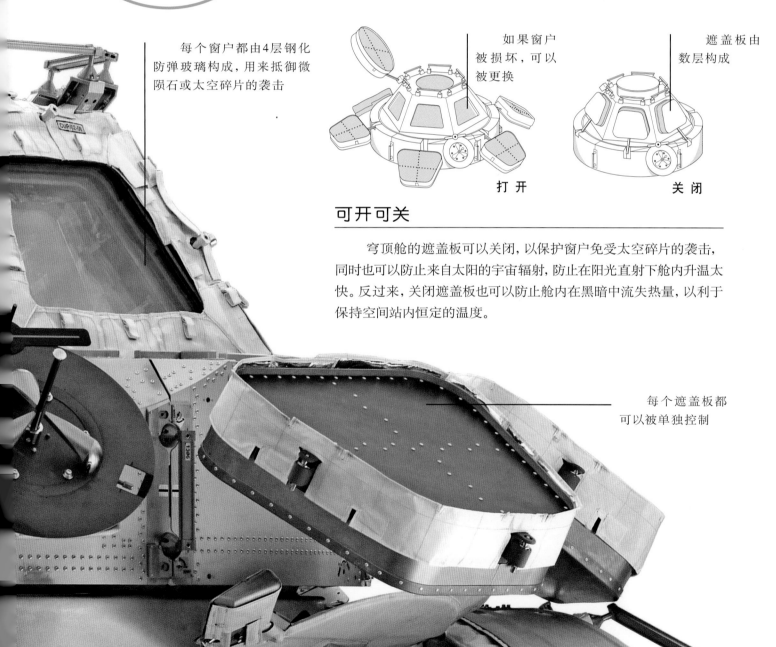

摄影瞬间

　　航天员在训练期间就学习过如何使用照相机。许多航天员发现摄影是空间站生活中的一项最令人享受的活动。凭借独特的视野，航天员为科学家提供了飓风或火山喷发等快速变化现象的照片。

▶ 从太空看地球

　　与在较高的轨道上运行的人造卫星相比，国际空间站的轨道高度可以使航天员更近距离地观察地球。空间站内的航天员使用手持照相机和自动化设备拍摄展现地球美景的照片。例如，右侧的照片显示了埃及地区被沙漠包围的深色尼罗河谷（左边的深蓝色河流），以及地中海上空的云层。

太空快照

　　国际空间站位于地面上方约400千米处。这是一个非常有利的位置。它的视野不仅仅为研究地球提供了优势。访问过太空的人经常报告说，从这里看世界会使我们对非凡的地球在太空中的脆弱性和孤立性有更好的认识。这种现象被称为总观效应。

绿色拼块

　　法国航天员托马斯·佩斯凯拍摄了这张法国东北部奥布地区的照片。它非常清晰地展现了从国际空间站看到的一块块粮田、葡萄园和森林，显示了这片土地上的农业等人类活动的痕迹。

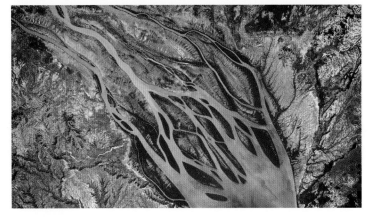

红 河

这张照片为正在发生的环境灾难提供了一个新的视角。森林砍伐导致马达加斯加的贝齐博卡河周围地区的土壤被冲入贝齐博卡河，使贝齐博卡河水因含大量泥沙而呈现红色。

明亮的城市灯光

国际空间站的航天员也可以欣赏地球的壮观夜景。尽管周围一片漆黑，但是大城市，例如上图中的照片显示中国上海的夜景，从太空中看来仍然很清晰，这要归功于它的明亮灯光。

极光秀

航天员很幸运,他们能够从地球的上空观看大自然中一些最炫目的现象,包括被称为"极光"的壮观景象。人们在地球磁北极和磁南极周围的高纬度地区通常可以看到绚丽多彩的极光,它们看起来就像在大气层外缘跳舞的灿烂美丽的光幕。

▶ 色彩鲜艳的极光

来自太阳的带电粒子流进入地球磁场,并且被困在地球磁场中。这种带电粒子流的能量会一直积累,直到它们爆炸性地释放,使带电粒子流加速冲向地球磁极,与高层大气中的气体原子碰撞,导致各种颜色的光的爆发,被称为极光。

日 食

航天员还可以从太空中以独特的视角观看日食等罕见现象。日食在太阳、地球和月球排成一条直线时发生,月球挡住了太阳的光线,在地球表面投下一个阴影。如果太阳只被部分遮挡,称为日偏食;如果被完全遮挡,称为日全食。

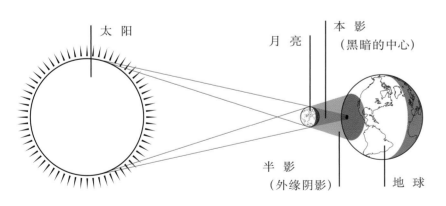

太阳　月亮　本影(黑暗的中心)　半影(外缘阴影)　地球

遮住太阳

在日食期间,国际空间站内的航天员看到月球的阴影在地球自转时扫过球面。阴影的模糊外缘,被称为半影,是仅有部分太阳光被遮挡的区域。

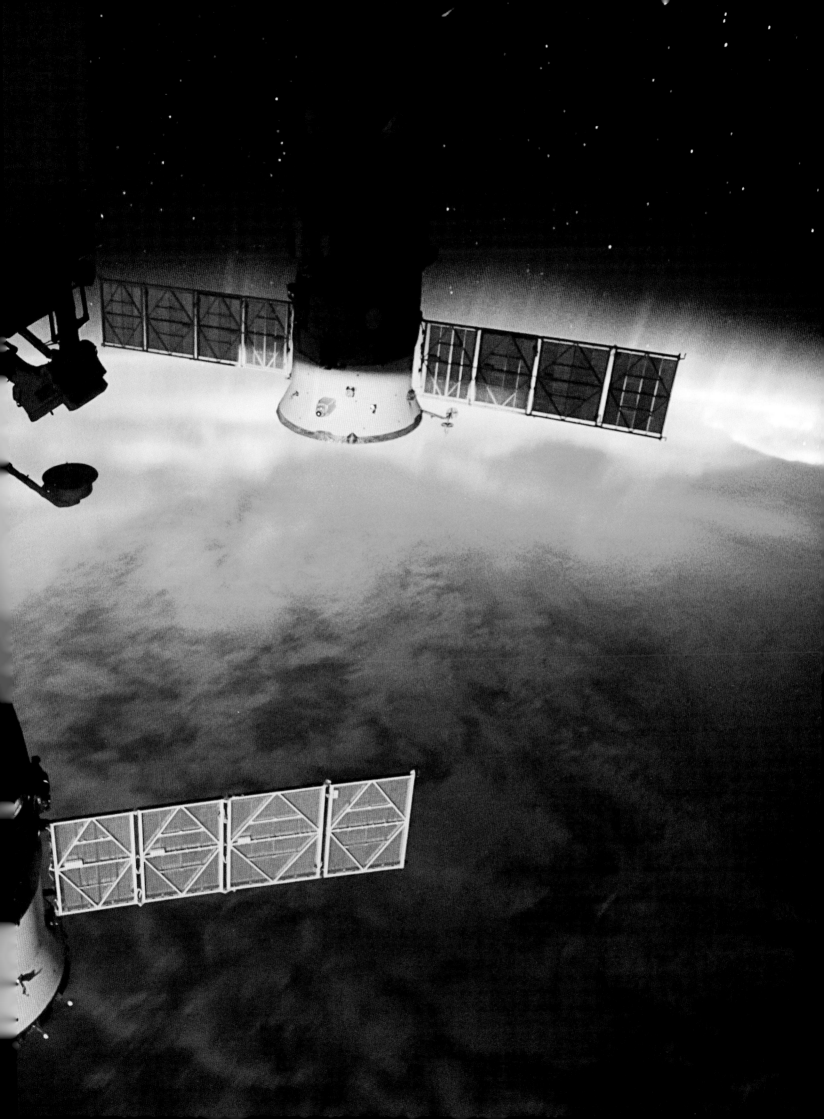

给航天员的"爱心包裹"

　　当航天员成功地将满载物资的航天器与空间站对接之后，随之而来的是开包发现各种物品的乐趣。除了日常用品外，地面上的任务计划人还要确保物资中有美味新鲜水果等食物，这不仅会对航天员的健康有益，也会使他们很开心。

友善的面孔

　　机器人助手，例如机器人"组员互动移动伴侣"，可以提供信息来帮助航天员完成各种任务，甚至可以用人工智能与他们进行友好的聊天，来改善他们的情绪。

VHD

积极的氛围

在长期任务中，照顾航天员的心理健康与照顾他们的身体健康一样重要。航天员是一个要求很高、压力很大的职业。由于在任务期间不能远离工作和同事去度假，因此他们必须在空间站内找到一起玩乐和放松的方式。

◀ 鲜 花

无论是在太空中还是在地面，当园丁培育植物都是一件令人愉快和放松的事。美国航天员斯科特·凯利在国际空间站执行了为期一年的任务。在此期间，他培育了一种百日菊植物，使它们开出鲜艳的橙色花朵，这让站内的全体航天员都很高兴。

太空趣事

太空中的"大猩猩"

美国航天员斯科特·凯利的双胞胎兄弟马克·凯利送给斯科特的生日"爱心包裹"中有一件大猩猩套装。斯科特穿着这件大猩猩套装，在国际空间站里飞快地追逐他的同事们，这一切都被照相机捕捉到了！

保持体型

在长时间的太空任务中进行定期锻炼不仅是为了丰富生活,更是为了保持健康。在微重力环境中长期生活会导致身体发生变化,使身体在返回地面后无法适应地面的环境,甚至在太空任务期间也会引发问题。经常锻炼可以保持肌肉和骨骼强壮,并且使心脏更加努力地向全身输送血液,但是在太空中锻炼身体会遇到一些独特的挑战。

▼ 系好你的运动鞋

国际空间站的跑步机T2让航天员可以在失重的环境中慢跑。在跑步之前,他们会穿上一副背带,然后将背带系在跑步机的松紧带上,以免在运动中脱离跑步机。跑步机有一个隔振系统,可以防止跑步的节奏导致整个空间站振动。

航天员握住手柄,使自己保持稳定

卡扣式骑行鞋被存放在自行车锻炼器的架子上

继续踩

国际空间站的自行车锻炼器的英文简写为CE-VIS(具有振动隔离稳定功能的自行车测力计)。它没有座位,所以航天员用带子将自己固定在墙上,然后将脚夹在踏板上。这个装置还可以模仿地面上的上坡和下坡,用以提供不同强度的阻力。

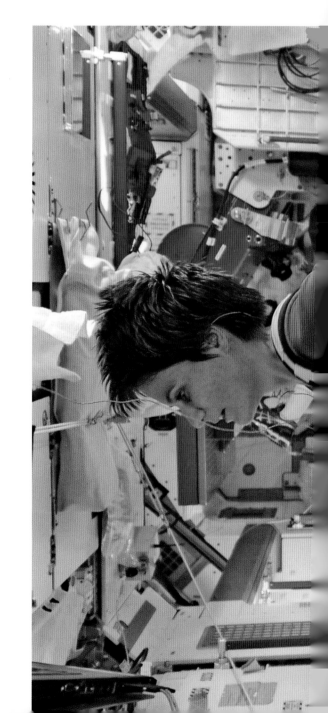

举 重

高级抵抗性锻炼设备（ARED）使用活塞来模拟地面上的举重运动。航天员可以选择29种不同的锻炼方式，包括加强腿部力量的深蹲和上半身的二头肌弯举。

太空趣事

马拉松纪录

2016年4月，英国航天员蒂姆·皮克在太空中参加伦敦马拉松，他在国际空间站的跑步机上用3小时35分钟跑完了42.2千米的全程。

休息时间

空间站的工作对心理和身体都是一个艰巨的考验，所以每个工作日的结束后，航天员在睡觉前都有一段放松的时间。有些航天员可能去欣赏地球的景色，但是另一些航天员则将他们的爱好和消遣带入太空。

▶ 在太空中做针线

美国航天员凯伦·尼伯格喜欢缝纫，因此在2013年的任务中，她随身携带了一个绗缝套件，里面有布料和针线。即使是像缝纫这样令人放松的爱好在太空中也是独特的挑战，例如，凯伦·尼伯格必须防止她的布料飘走。她在飞行前曾经说道："这将是一项控制物体的伟大实验！"

太空恐龙

凯伦·尼伯格用俄罗斯食品容器内衬的废弃织物为她的儿子缝制了这只玩具恐龙。

被子绗缝

凯伦·尼伯格用废弃的宇航服面料制作了一块以星星为主题的被子拼块。她还邀请世界各地的手工艺者们设计和制作被子拼块，然后将这些拼块与自己缝制的拼块缝合成一幅彩色被子。她后来公开展示了这条被子。

来自家乡的爱好

就像在地面上一样，航天员也喜欢变换不同的方式放松休闲，有时只是寻找一个地方度过一段安静的时间，有时与同事一起闲逛，或者与地面上的人交谈。

业余无线电

除了官方通信设备外，国际空间站还有一个业余无线电套件。美国航天员凯尔·林德格伦（上图）正在与地面上的业余无线电操作员聊天。

太空中的音乐

几位具有音乐天赋的航天员将他们的乐器带入太空。在上图中，美国航天员杰西卡·梅尔正在穹顶舱里享受吹奏萨克斯的乐趣。

太空趣事

2013年，加拿大航天员克里斯·哈德菲尔在国际空间站内用吉他演奏了大卫·鲍伊的歌曲《太空怪谈》，此事在互联网上引起了轰动。

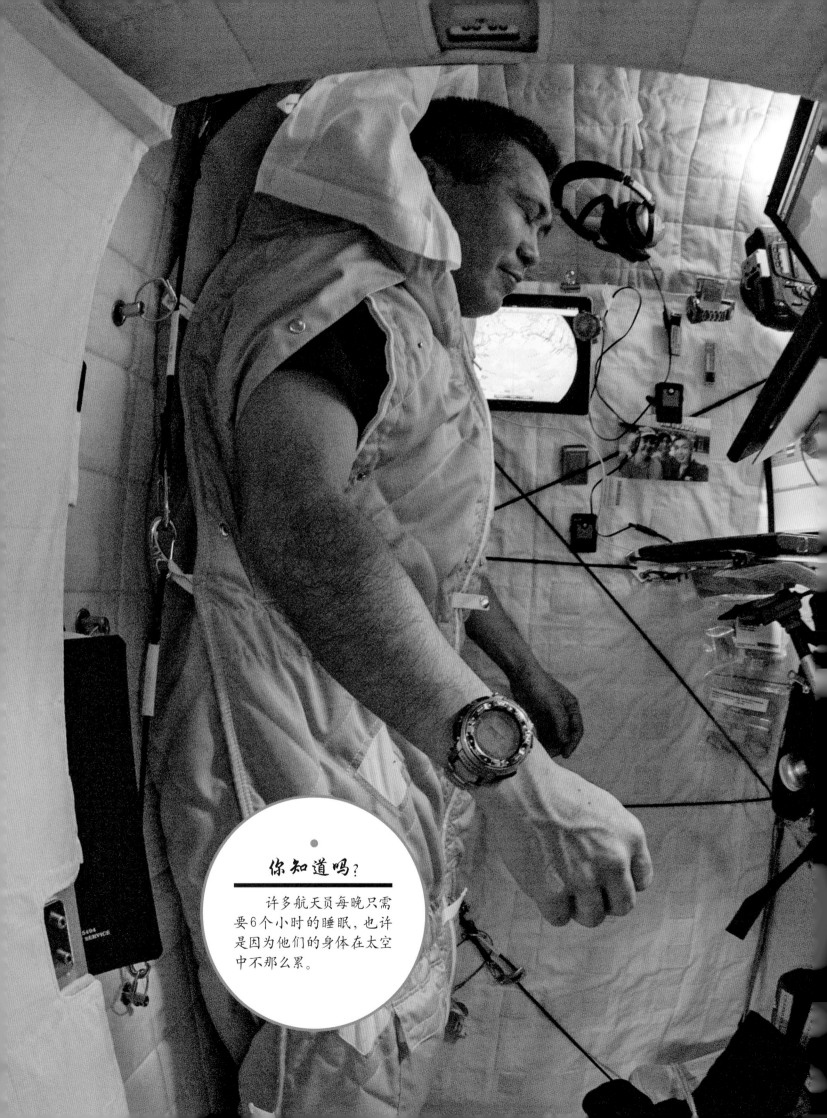

你知道吗？

许多航天员每晚只需要6个小时的睡眠，也许是因为他们的身体在太空中不那么累。

准备睡觉

　　航天员在国际空间站中执行任务期间，至关重要的一点是保证充足的休息时间，因此在每个工作日结束后都有预定的8小时睡眠时间。航天员通常都在同一时间睡觉，经常戴着眼罩和耳塞，来隔绝空间站中的光和噪声。与此同时，地面上的任务控制中心持续监视空间站的生命支持系统。

◀ 单人卧室

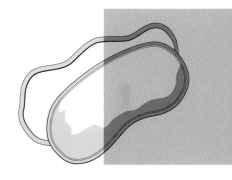

　　国际空间站通常有7间单人卧室，每间大约有一间更衣室那么大，里面有一只固定在墙上的睡袋、一台个人笔记本电脑，以及存放从家里带来的私人物品的空间。附近的呼吸机风扇吹走航天员呼出的二氧化碳，否则二氧化碳会聚集在航天员的头周围，导致他们缺氧。

建造卧室

　　在新旧航天员交接的阶段，或者在任务很忙的时候，人数会增多，因此可以增建卧室，但这也并不是必要的，这是因为航天员可以将他们的睡袋固定在任何平面上睡觉。在2021年的一个短暂的时期内，国际空间站内有11位人员，其中两位不得不睡在对接的太空探索技术公司的龙飞船的舱中。

夜晚的空间站

　　国际空间站的灯光在夜间被调暗，帮助航天员的作息节律与地面上的自然日常节律保持一致，但是对此没有严格的规定，许多航天员喜欢在晚上探索空间站。

早晨的洗漱

当你与其他人一起在狭小的空间里连续生活几个月时，个人卫生比平时更为重要。国际空间站提供所有必要的设施，让航天员保持最佳状态。然而在失重的环境中，水以及其他物体不像我们在地面上习惯的那样自然下落，这就给洗漱带来了挑战。

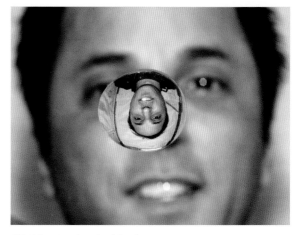

掌控太空中的水

在地面上，水被重力吸引而向下落。然而在太空的微重力环境中，水会自由漂浮，而水的表面张力（一种将表面拉紧的微弱力）会使水形成像上图中那样的球形液滴。

微重力清洗

在太空中无法享受淋浴，因此航天员洗澡时从小袋中挤出液体肥皂和温水，涂在皮肤上，然后用毛巾擦干，与此同时，大功率风扇捕捉空气中的水滴以进行回收。

洗头发

头发较长的航天员可以使用免冲洗发液，无需用很多水就可以去除头发上的污垢和油脂。他们用袋装水弄湿头发，挤上洗发液，然后用毛巾擦干净头发。

剪 发

许多航天员喜欢在太空中留短发。他们理发的时候使用带有吸尘附件的电动剃须刀，在修剪下来的头发飘走之前，将它们吸收。

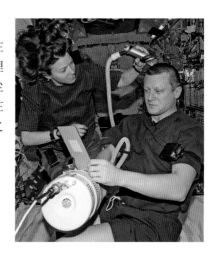

刷 牙

国际空间站中的航天员保持牙齿清洁的方式或多或少与在地面上时的方式相同,主要挑战是在开始时将一团水倒入牙刷中。刷完后无处可吐,解决办法就是吞下去。

航天员的卫生用品包被绑在洗漱区的墙上

◀ **太空抽水马桶**

在太空中上厕所很麻烦。国际空间站内有3套厕所系统,其中最新的一套于2020年抵达。每套厕所系统都位于单独的隔间内,并且使用气流将排泄物冲向特定的装置,密封在容器中。尿液中的水分经过水循环系统处理后可以再利用,而固体排泄物则被单独处理。

LAB1P2

航天员需要用小便漏斗时,就将它拉下来

航天员握住扶手,阻止自己飘走

座椅很小,这是因为它不必承受一个人的体重

小便漏斗

男性和女性航天员都用带有漏斗形附件的软管小便,软管里面的风扇将尿液通过漏斗吸入空间站的水循环系统。漏斗可以被拆下来清洗。

很重要

固体排泄物被压实并且储存在一只可拆卸的罐中,然后被送返地面,或者被放进一次性货运飞船中,返回地球大气层烧掉。

气流将固体排泄物冲入可拆卸的罐中

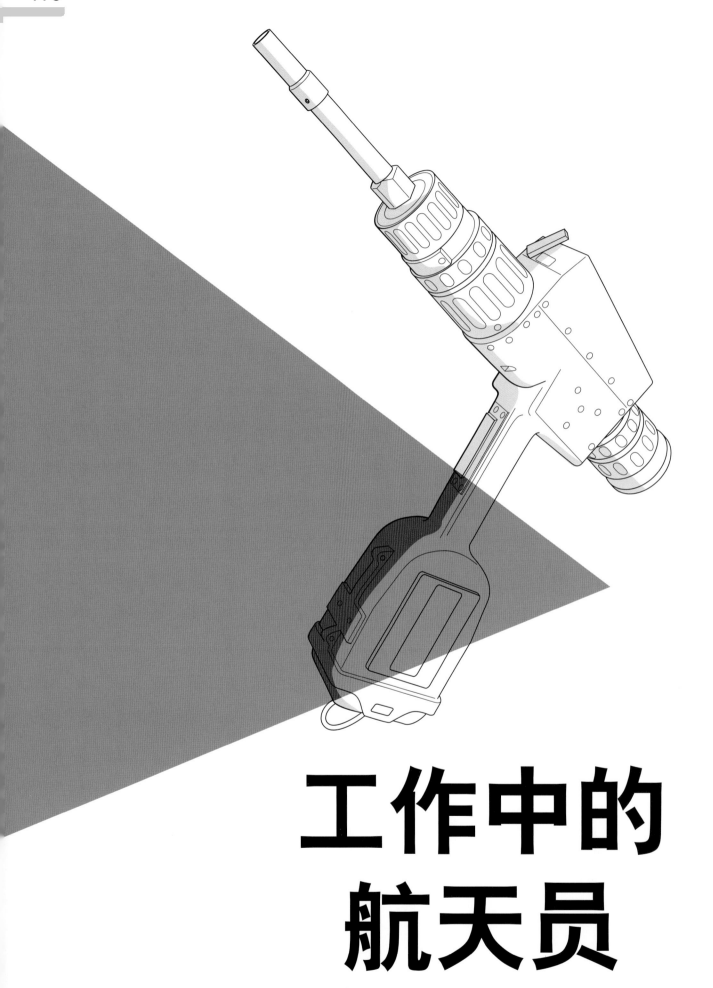

工作中的
航天员

　　国际空间站是一个巨大的轨道科学实验室，站内的航天员负责进行大量的实验，有时甚至将自己作为测试对象。迄今为止，国际空间站已经进行了3000多项实验。有些实验是为了找到使人类能在太空中安全生活的方法。还有一些实验是为了验证医学研究中的新发现。其中有一部分实验需要在空间站外面的极端环境下进行。另外，一些重要的空间站维护工作也需要航天员"走出"空间站。这些都涉及太空任务中最惊险刺激的部分：太空漫步。

科学实验室

　　进行科学实验是国际空间站内航天员的最重要的工作之一。为了保证实验的准确性，航天员在执行任务之前就学习了基本的科学技能，也接受了专家的大量指导。美国国家航空航天局、俄罗斯联邦航天局、日本宇宙航空研究开发机构和欧洲航天局在国际空间站上都有自己的专用实验室模块，不过空间站内几乎任何区域都可以被用来做实验。

生命科学手套箱（内部）

　　生命科学手套箱是日本的希望号实验舱中的一个全封闭装置。航天员戴着特殊手套将手伸入箱内操作，这样就不会有被污染的危险。

◀ 医学研究

航天员在国际空间站进行医学实验，以了解太空旅行对人类健康的影响。在左图中，美国航天员和微生物学家凯特·鲁宾斯用生命科学手套箱来研究心脏细胞如何适应微重力。

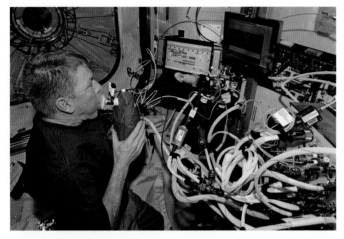

失重的实验对象

失重会影响身体健康。航天员在太空中停留的时间越长，他们的骨骼和肌肉就会变得越虚弱，类似于地面上老年人所经历的骨骼和肌肉衰退。为了帮助科学家找到新的治疗方法，航天员对自己的身体进行测试。

零下80度实验室冷冻机

有时需要将生物学实验的结果保存很长时间，然后才能将它们运回地面上的实验室进行分析。欧洲航天局为国际空间站制作了零下80度实验室冷冻机，用于保持样品新鲜。

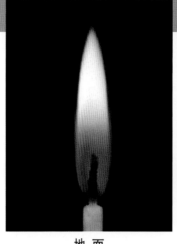 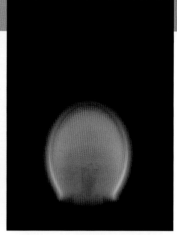

| 地面 | 太空 |

火的实验

在地面上，在燃烧时火焰会向上跳动，这是因为火焰内部的气体随着被加热而膨胀，密度变小，从而使火焰上升。然而在太空中，火焰以球形燃烧，它内部的气体只是向外膨胀而不会上升。了解火在太空中的燃烧方式可以帮助科学家设计更高效率的发动机。

国际空间站内的动物

除了航天员外，国际空间站里经常有其他动物。将动物带入太空可以使科学家有机会研究它们的行为和生物特性在微重力环境中如何变化。

青鳉鱼

青鳉鱼的骨头在太空中迅速变弱。变化过程可以通过它们半透明的身体，直接观察到。

金圆蛛

在微重力环境中，这种蜘蛛织网时用灯光来定位。

耳乌贼

这种小乌贼的免疫系统与人类相似。了解它们有助于防止航天员在长期任务中得病。

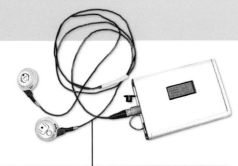

身体变化

长时间处于失重状态对航天员的身体健康非常不利。记录他们的身体变化有助于地面医生监测他们的健康状况，并且研究新方法来让未来的航天员在远离地球的任务中保持身体健康。

生物钟紊乱

我们体内都有激素和化学信使，它们告诉我们什么时候睡觉，什么时候起床，但是由于在国际空间站内没有24小时的昼夜变化，并且航天员无法"躺下"，因此他们的自然节律被扰乱了。科学家在航天员的额头上安装特殊传感器来研究这些变化。

► 模糊的视觉

在失重的环境中，航天员体内的血液和其他液体会聚集在不同的地方，包括头部。这除了让他们的脸浮肿以外，还会给他们的大脑带来压力，也会给他们的眼睛带来压力，并且会使他们的眼睛变形，从而出现视力问题。在右图中，美国航天员凯伦·尼伯格给自己做视力检查，以更深入地了解这种身体变化。

技术帮助

科学家和工程师发展新技术来更深入地了解太空旅行的危险，并且纠正微重力环境对航天员的一些生理影响。

大事记

同卵双胞胎研究

作为一项独特实验的一部分，美国航天员科特·凯利在国际空间站生活了一年，而他的同卵双胞胎航天员兄弟马克·凯利则留在地面上。通过研究双胞胎，科学家得到了很多关于长期在太空中生活对身体健康影响的知识。

辐射风险

航天员在太空中暴露于宇宙辐射之下，包括太阳和其他恒星释放的高能粒子。这种辐射可能对身体有害。上图中的人体模型中有传感器，可以监测辐射水平。

微重力裤

俄罗斯联邦航天局的"负压重力服"是一条看起来很奇怪的裤子，它像真空吸尘器一样用吸力来迫使液体从头部流向下半身。

你知道吗？

航天员返回地面后经常需要戴一段时间眼镜。他们的视力甚至可能被永久地损害。

太空菜园

空间站可能看起来不是种植物的理想环境，但这正是国际空间站的实验课题之一。这些实验帮助航天员和科学家练习在太空种植水果和蔬菜。新鲜农产品是健康饮食的重要组成部分，而未来执行月球或火星任务的航天员将无法从地球获得定期食物供应，因此需要自己种植农作物。

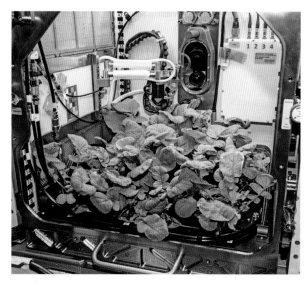

▼ 种植挑战

尽管国际空间站已经成功地种植了几种植物，包括下图中的植物，但是太空园艺有许多挑战。在太空中，水不会像在地面上那样从根部流走，因此航天员必须在确保植物获得所需要的水分的同时而不会发生水涝。

园艺设备

国际空间站的蔬菜生产系统被用于种植各种农作物。种子被种植在"培育垫"中，而不是土壤中。发光二极管灯会根据不同的生长条件进行调整。实验表明，使用特定颜色的光会影响农作物的营养平衡，有可能培养出超级食物。

红色长叶莴苣是第一种在太空中被种植的作物，用作沙拉材料

瑞士甜菜富含维生素K

太空中的辣椒

2021年，航天员在国际空间站内种植了第一批辣椒。新鲜的辣椒除了给航天员提供营养外，还是执行长期任务的航天员的饮食调味料。辣椒的鲜艳颜色也被认为对航天员的心理健康有益。

1 地面上的研究人员使用国际空间站中的设备来测试和选择最适合太空的辣椒类型。

2 辣椒种子被运载火箭运送到国际空间站。一名航天员将它们放入蔬菜盒中。

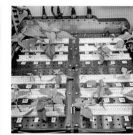

3 辣椒在密封的盒子里生长，水、光和温度都是自动控制的。

4 4个月后，就可以收获辣椒了。航天员在墨西哥卷饼里吃到了自己种的辣椒！

植物培育垫

蔬菜生产系统可以容纳6只培育垫，每只培育垫上长一株植物。培育垫含有粘土物质和肥料，也使水、养分和空气的平衡恰到好处地在每株植物的根部循环。

收获的荷兰豆可以留作种子

画笔授粉

花粉是植物生产的以帮助自己繁殖的细粉。由于国际空间站内没有昆虫在花朵之间传授花粉，因此航天员用画笔从一朵花的花药（雄性部分）收集花粉，然后将它们转移到另一朵花的柱头（雌性部分）上。

"樱桃炸弹杂交Ⅱ"萝卜品种有可食用的叶子和根

中国小白菜是一种个头小、生长快的蔬菜

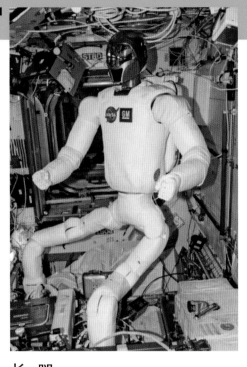

▶ 太空助手

2011年至2018年期间,国际空间站来了一位不寻常的机组人员:名为机器航天员2号的类人机器人。它是从未进入太空的机器航天员1号的改进型。机器航天员2号可以执行诸如吸尘、清洁空气过滤器等杂务,还可以在航天员修理设备时打下手。

长 腿

当机器航天员2号被送到国际空间站时,它被安装在一个平台上,并且一直待在那里。直到3年后为它设计、制造和安装了腿以后,它才能够灵活地自行走动。它的每条腿有7个关节。

有用的手

机器航天员2号的手就像人类的手一样,可以握住物体、操作简单的工具,以及抓住扶手。

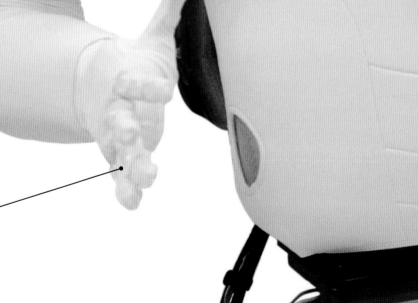

太空机器人

生活在太空中是令人兴奋的，但也很辛苦。航天员有时也需要帮助，就像我们在地面上一样。由于机器人不会累，不需要午休，也不会感到无聊，因此它们在国际空间站内被用来代替或帮助航天员完成一些耗时的或枯燥的工作。

内置球相机

日本宇宙航空研究开发机构于2017年为国际空间站制造了一个葡萄柚大小的球形机器人，名为内置球相机 (Int-Ball)。它可以帮助航天员拍摄视频，也可以拍照片。摄影是一项很花时间的工作。

内置球相机工作时，它的蓝色圆"眼睛"会闪光

智能球

内置球相机飘浮在微重力环境中，利用12只微型电风扇自行移动，内置的摄像头和传感器帮助它避免撞到物体。

太空摄影师

内置球相机拍摄视频时可以被地面上的日本宇宙航空研究开发机构的任务控制中心控制，它发光的眼睛显示它的摄像头朝向哪个方向。

宇航蜂

美国国家航空航天局设计了3只宇航蜂，分别被命名为大黄蜂、蜜蜂和蜂王，它们是机器人助手，可被用于处理日常任务，以便节省航天员的时间。例如，它们可以拍摄实验、监测噪声和空气质量，以及检查通风管道内有没有物体。

蓝光表示宇航蜂机器人正在"倾听"航天员的命令

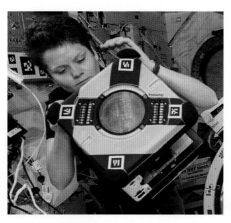

额外的帮助

2019年4月，美国航天员安妮·麦克莱恩在日本的希望号实验舱里打开了大黄蜂的包装。大黄蜂是3只宇航蜂中的第1只，它可以由航天员或地面上的工作人员控制。

高效助手

立方体形状的大黄蜂被电风扇推动，并且配备了摄像头和传感器，以避免碰撞。当它电池的电量快要耗尽时，它就会返回充电站充电。这些宇航蜂有自己的名字，航天员叫它们的名字，被叫到的宇航蜂就会启动待命。

微型人造卫星

电子技术的最新进展使工程师能够制造越来越小的人造卫星，其中有些小到可以拿在手里。这些"纳米卫星"仅重1千克，可以执行传统大型人造卫星的任务，但是制造和发射成本要低得多。纳米卫星先被送到国际空间站，然后从那里发射。

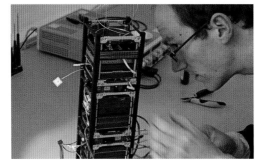

新技术

这颗鞋盒大小的纳米卫星，名为GomX-3。科学家和工程师只用了一年的时间就把它开发出来了。它可以被用来探测飞机信号。

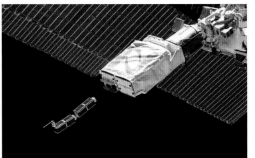

太空中的发射台

国际空间站的日本希望号实验舱可以被用作纳米卫星的发射台，从这里将纳米卫星发射到安全距离外的环绕地球运行的轨道上，比从地面上发射更经济。

为太空准备种子

执行更长时间的月球或火星任务的航天员将需要种植食物，因此了解种子如何应对太空环境至关重要。在左图中，一位科学家正在为国际空间站外的一项实验准备种子。

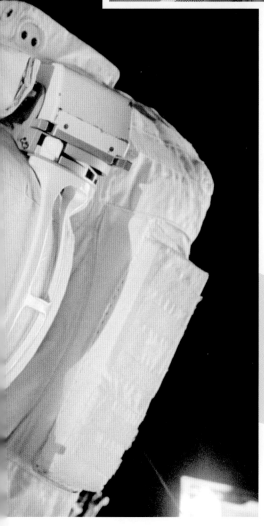

◀ 舱外实验

裸露在太空中的物体会处于几乎完全的真空（没有任何物质的空间）中，经受极热和极冷的温度以及宇宙辐射的轰击。为了了解隔热罩和太阳能电池板等重要的太空设备如何受这些条件的影响，国际空间站在外部安装了具有各种材料的样品板，如左图所示，这些样品已经暴露在太空中几个月甚至几年了。

舱外的科学研究

除了在国际空间站内做实验外，航天员有时还会去空间站舱外做实验。这些舱外实验帮助地面上的科学家更好地了解各种材料和物质在太空中的情况，还可以观察地面上的一些生命形式如何对太空的极端环境做出反应。实验完成后，这些样品可能会被送回地面进行详细分析。

太空幸存者

国际空间站的一些实验表明，有些生命形式能够应对太空的恶劣环境，这非常令人惊讶。了解这些生物在太空中生存和适应的机制，可能会为保护未来在太空中进行远航的航天员提供线索。

水熊

尽管微小的水熊只有几毫米长，但是它们几乎可以在任何情况下生存，极热、极冷、强烈的宇宙辐射，甚至暴露在太空的真空中，水熊都可以存活。

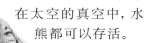

耐寒细菌

耐辐射奇球菌是一种抗辐射细菌，它可以在太空中存活，并且可以在火星表面健康生活。因此，未来的火星任务应注意不要让地球上的细菌污染这颗红色行星。

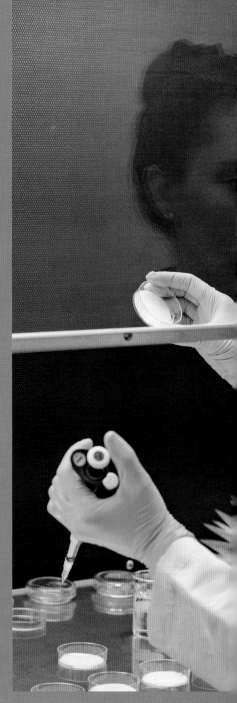

幕后角色

科学家

出外勤

数以千计的科学家受雇于航天机构或与航天机构合作。他们是许多学科的专家,包括生物化学和天体物理学。他们利用自己的技能、知识和研究来推进人类对太空的了解。他们的研究和发现揭示了我们的地球和宇宙是如何运作的。地面上的科学家还为在执行任务期间的航天员提供了宝贵的支持,例如,为太空实验做好准备,指导航天员进行实验,分析实验完成后的数据,等等。

有些实验可能会要求科学家走出实验室,例如,去挪威斯瓦尔巴群岛朗伊尔城附近,利用这些巨大的雷达天线来收集有关极光、太空天气和太空垃圾的数据。

▲ 广泛的知识库

　　从事太空研究的科学家拥有渊博的专业知识。上图展示的是天体生物学、行星科学和植物科学方面的专家。

实验准备工作

　　在左图中，位于美国加利福尼亚州的美国国家航空航天局艾姆斯研究中心的科学家正在准备将果蝇送入太空，以研究微重力对人类心脏和血管的影响。自从国际空间站开始运行以来，那里已经进行了3000多项实验。

太空漫步的准备工作

太空漫步也被称为舱外活动，它的准备工作可能需要提前一年开始。这是一项团队努力，航天员、科学家、工程师和任务控制人都会参与其中的任务。在计划的太空漫步日期前大约2个星期，航天员就开始每天花费2~3个小时进行一套被称为"舱外活动之路"的准备程序。

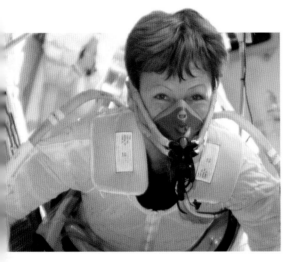

纯　氧

在太空漫步之前和之中的几个小时内，航天员必须呼吸纯氧来去除血液中的氮，否则，当他们在舱外的时候，血液中溶解的氮气会析出，形成气泡，令他们非常疼痛，这种情况被称为"减压症"。

▶ 穿戴好

国际空间站的太空漫步总是由两位航天员组队进行。另有一位航天员协助他们穿戴。在右图中，日本航天员野口聪一（中）在2021年的太空漫步前协助美国航天员维克托·格洛夫（左）和凯特·鲁宾斯（右）。经多次检查一切无误以后，航天员关紧他们身后气闸舱的内舱门，然后将空气逐渐泵出气闸舱。当气闸舱里没有空气时，他们打开外舱门，也就是进入太空的门，然后飘浮出去。

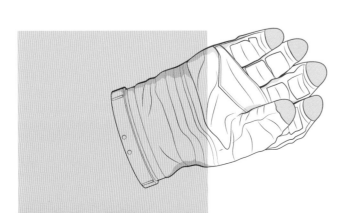

你知道吗？

要进行太空漫步的航天员不能使用除臭剂，这是因为除臭剂与宇航服中的纯氧气混合会引发火灾。

准备好宇航服

航天员在太空漫步时穿的宇航服与发射和着陆时穿的宇航服不同。走出空间站的航天员面临许多危险，例如太空碎片和极端温度。他们的宇航服必须像个人航天器一样，为他们提供在太空中安全生存和工作所需要的一切。

▶ 美国宇航服

美国国家航空航天局的宇航服由14层不同的材料制成，被称为舱外活动装置。它有上下两个被密封在一起的部分，上部是套头的刚性部分，下部是可以像裤子一样穿上的比较灵活的部分。头盔和手套是分开穿戴的。

苏联-俄罗斯奥兰宇航服

由苏联设计制作，被俄罗斯继承的奥兰宇航服自从20世纪70年代以来一直被使用，只是进行了几次更新。与美国国家航空航天局的舱外活动装置不同，奥兰（意为"鹰"）是一件连体的宇航服，穿着者从后面的开口穿上它，然后将开口密封。

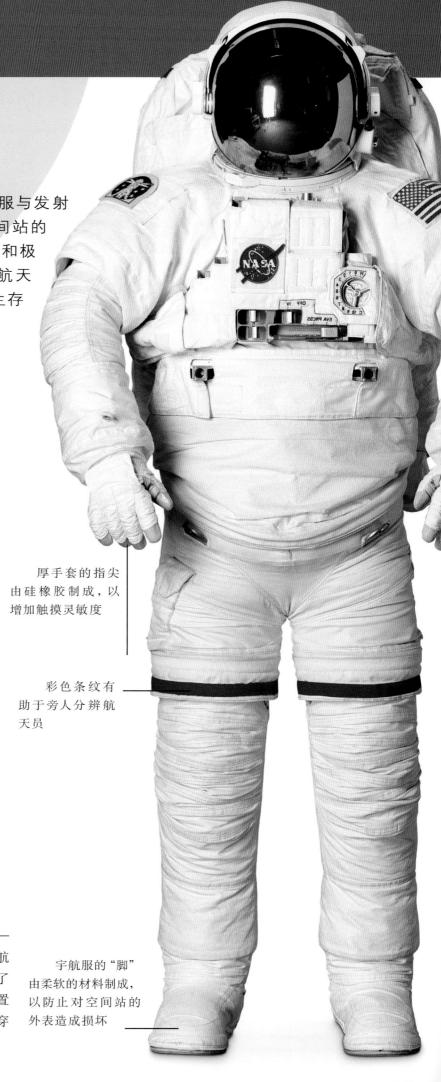

厚手套的指尖由硅橡胶制成，以增加触摸灵敏度

彩色条纹有助于旁人分辨航天员

宇航服的"脚"由柔软的材料制成，以防止对空间站的外表造成损坏

为太空着装

除了穿宇航服，进行太空漫步的航天员还需要一些基本的设备来保证自己的安全和舒适。

恒 温

穿在宇航服里面的这种弹性内衣中的管网有温水或冷水泵入，以便航天员在工作时保持舒适的温度。

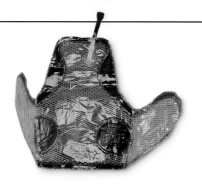

保持水分

这个保湿包附在宇航服内。当航天员咬塑料吸管时，它会释放水。

救生背包

安装在宇航服背包里的基本生命支持系统包含氧气罐、水罐、电池和用于通信的无线电。

柔软的内衣里有90米长的管子

太空内裤

舱外活动可能会持续几个小时，因此航天员必须穿上太空尿布，以用于上"厕所"。

未来科技

在未来，航天员可能会踏上火星。更先进、更灵活、更轻便的宇航服，例如，上图中这款测试中的Z系列宇航服，就是为那一刻而设计的。Z系列宇航服易于调节，以适应不同的体型。

大事记

宇航服卫星

2006年，国际空间站的航天员将一件空的奥兰宇航服送入太空，试验旧宇航服是否可以像卫星一样环绕地球运行而不会过热。这颗"宇航服卫星"里有信号发射装置，在它的电池耗尽之前，它持续发射信号大约2个星期。

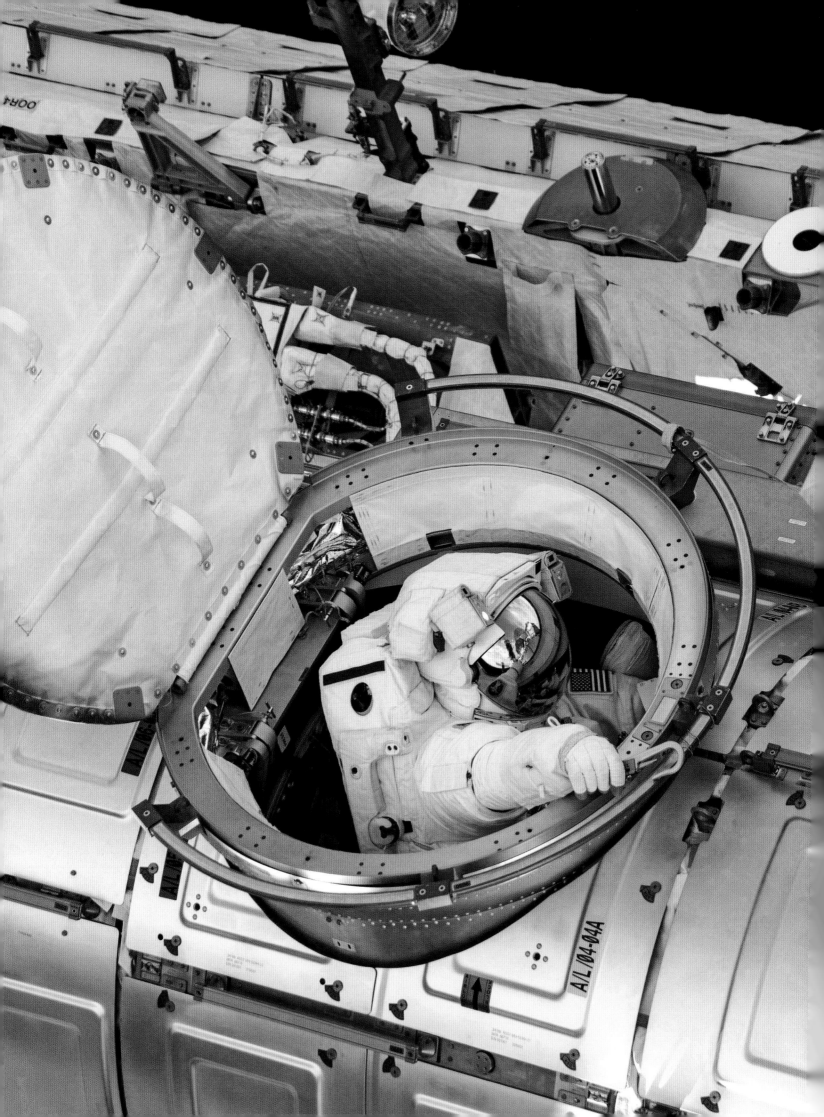

太空之门

　　航天员说，他们在开始舱外活动时刚进入太空的那一刻是一次难忘的经历。尽管他们已经花费了数小时通过各种安全程序为自己做准备，但是当他们看到下面的地球和上面漆黑的浩瀚太空时，他们都不由自主地屏住了呼吸。

拥 挤

　　在去舱外冒险之前，航天员让自己的身体适应呼吸宇航服内的纯氧供应。在下图中，美国航天员迈克尔·福奥勒和小伯纳德·哈里斯在发现号航天飞机的狭窄的气闸舱中等待。小伯纳德·哈里斯在1995年的航天飞机—和平号空间站任务中成为第一位进行太空漫步的非裔美国航天员。

◀ 从气闸舱中出来

　　一旦大部分空气被抽出气闸舱，最后一点空气就会被排放到太空中。航天员再次检查确认宇航服没有泄漏。打开舱口以后，他们还要检查他们的安全绳是否已经系好，然后抓住舱口周围的圆环形扶手，将安全绳重新系在国际空间站的外面，这才飘浮出来。

你知道吗？

　　进行轻度运动有助于航天员更快地适应呼吸宇航服内的纯氧。

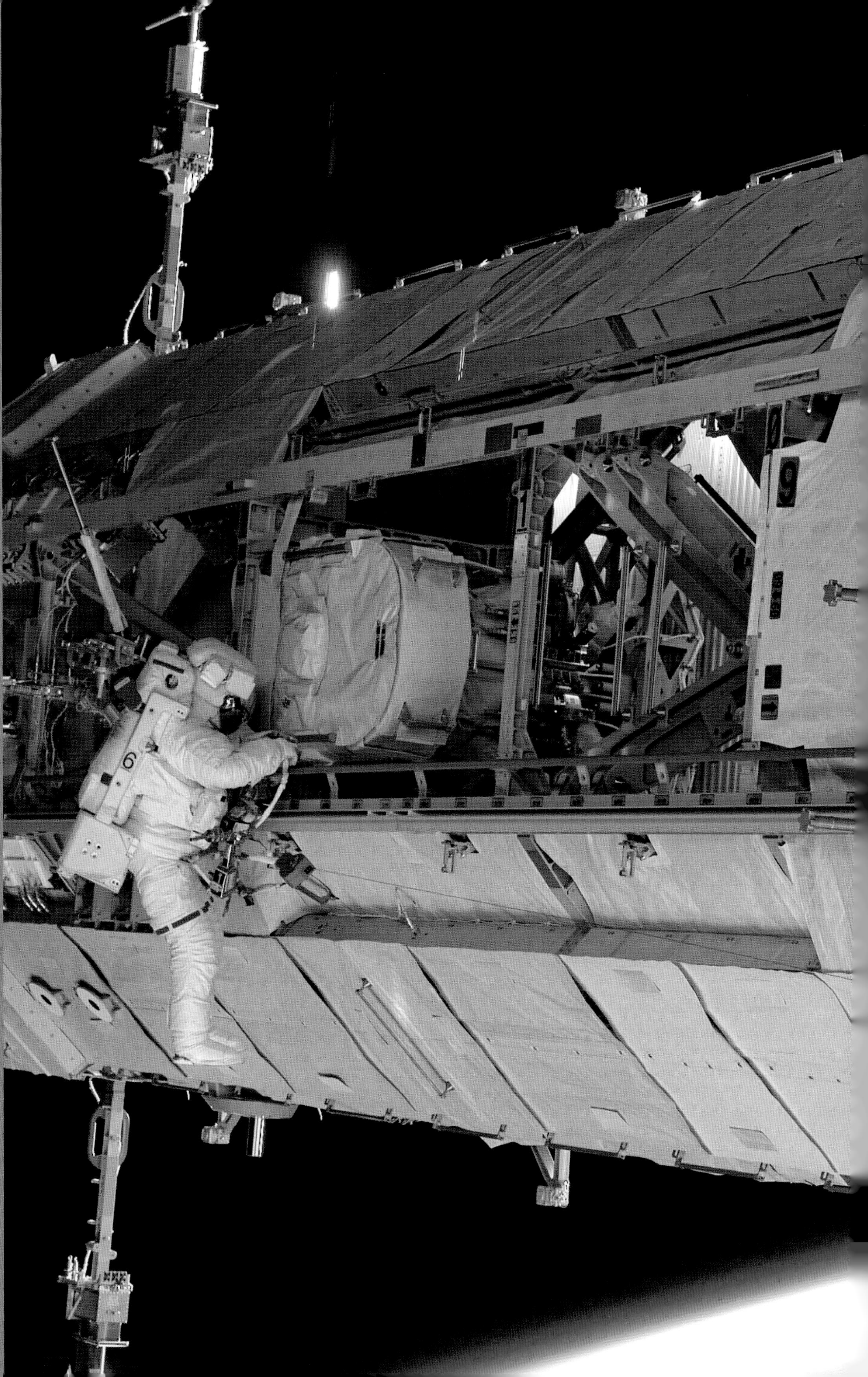
9
6

太空漫步

太空漫步被官方称为舱外活动，它是所有太空任务中最令人疲倦但又令人兴奋的亮点。航天员飘浮出空间站，安装新部件，并且进行日常维护和维修。他们成对地出舱，每次太空漫步都要提前几个月做精心的准备工作，以确保每位航天员都知道每一步将做什么。

◀ 建造国际空间站

在1998年至2011年期间，航天员为了建造国际空间站，进行了150多次太空漫步。在左图中，美国航天员理查德·马斯特拉基奥和克莱顿·安德森在2007年的一次太空漫步中将设备安装在国际空间站的中央桁架（脊柱）上。沿着中央桁架来回滑动的无人驾驶推车运送航天员及其装备，省去了他们沿着空间站"漫步"的麻烦。

安全扶手

国际空间站外部安装着扶手，供航天员在工作时抓住来保持身体稳定。航天员可以抓住这些扶手在空间站周围轻松地移动。他们还可以将安全绳系在扶手上，使自己不会飘离空间站。

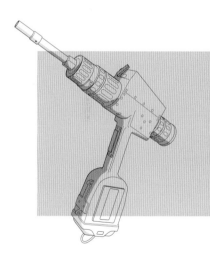

大事记

首位女性太空漫步者

1984年7月，苏联航天员斯韦特兰娜·萨维茨卡娅成为第一位进行太空漫步的女性。她飘出礼炮7号空间站，在持续3个多小时的太空漫步中做了一系列实验。

太空漫步小工具

进行太空漫步的航天员必须携带必要的工具，包括照相机和电动工具。他们经常根据地面上的科学家和工程师的要求给国际空间站外部以及各种设备拍照，以便科学家和工程师根据照片来检查这些设施。在2018年的一次太空漫步中，美国航天员马克·范德·海伊用闪亮的头盔面罩作为镜子拍了一张自拍照，被称为"太空自拍"。

照相机套件

太空漫步期间使用的照相机必须用绝热材料保护，以免受到极端温度的影响。它的带子系在使用者的宇航服上。

电动工具

有些工具，例如下图中的手枪式电钻，被设计成可以戴着厚手套操作，使它在太空漫步中更容易使用。

失落在太空中

2008年，在一次太空漫步中，一只工具包从航天员的手中滑出飘走，后来在地球大气层中燃烧殆尽。

超级太空漫步

有时候，航天员不得不在太空中"漫步"，去舱外对空间站进行维修、测试新工具或做实验。最早期的几次太空漫步只持续了几分钟，但是现在可以持续长达8个小时。太空漫步对航天员的身体极具挑战性，而且有一定的风险。尽管做了很多准备，但是航天员必须随时准备处理意外情况。

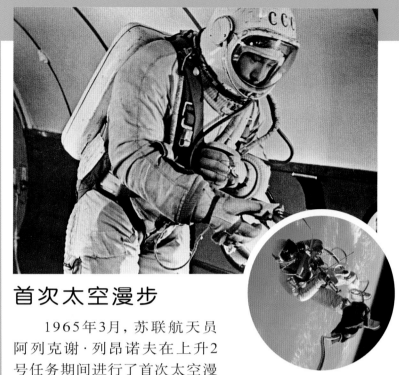

首次太空漫步

1965年3月，苏联航天员阿列克谢·列昂诺夫在上升2号任务期间进行了首次太空漫步。他的宇航服内的气压问题导致宇航服膨胀得非常大，以至于他不得不放出一些空气才安全地返回航天器。

美国人的首次太空漫步发生于1965年6月，美国航天员爱德华·怀特成为第一位进行太空漫步的美国人。

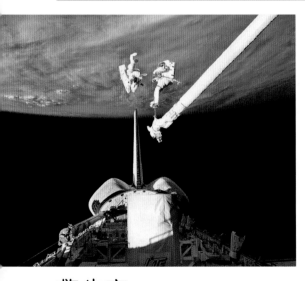

救生衣

1994年9月，美国航天员穿着名为"舱外活动救援简易辅助装置（SAFER）"的新型救生衣进行了太空漫步。这款救生衣是一只可喷气的背包。如果航天员意外地飘离空间站，就可以利用它返回。

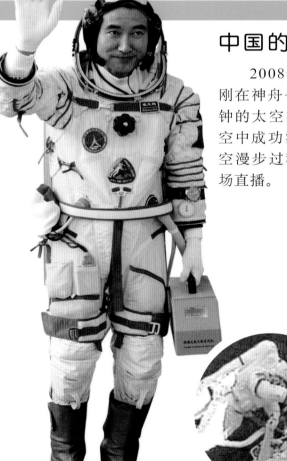

中国的首次太空漫步

2008年9月，中国航天员翟志刚在神舟七号飞船外进行了20分钟的太空漫步。他是第一位在太空中成功漫步的中国人。他的太空漫步过程被中国中央电视台现场直播。

收集

翟志刚在舱外收集实验样本。

自由漂浮

1984年2月，美国航天员布鲁斯·麦克坎德雷斯出舱进行太空漫步，但是并没有用安全绳将自己系在航天器上，而是使用了一只名为载人机动装置的背包。这只背包会喷出少量的氮气来推动他前进。

98

布鲁斯·麦克坎德雷斯飘浮到距离航天器98米远的地方。

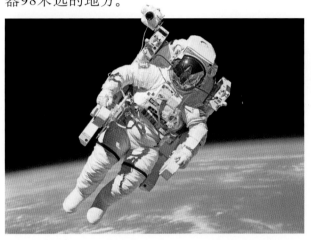

意外故障

2013年7月，意大利航天员卢卡·帕尔米塔诺在太空漫步中不得不紧急返回国际空间站，这是由于他的宇航服的冷却系统出现故障，导致他的头盔开始积水。

全女性太空漫步

2019年10月，美国航天员克里斯蒂娜·科赫和杰西卡·梅尔创造了历史，她们进行了第一次全女性太空漫步，任务是更换国际空间站上的一个动力装置。这次舱外活动原计划于2019年3月进行，由于当时空间站只有一件中型宇航服，因此不得不推迟到当年10月。

5.5

首次全女性太空漫步持续了5.5小时。

其他超级太空漫步

▶ **首次非苏联－俄罗斯人、非美国人太空漫步**

1988年12月，法国航天员朗－卢·克雷迪安成为第一位进行太空漫步的非苏联－俄罗斯人、非美国人。

▶ **首次三人舱外活动**

1992年，美国航天员托马斯·阿克斯、理查德·希布和皮埃尔·索特进行了首次三人舱外活动。当时他们在奋进号航天飞机上。

▶ **最长的太空漫步累计时间**

苏联－俄罗斯航天员安纳托利·索洛维耶夫曾经进行了5次太空漫步，累计82小时22分钟。

准备回家

任务结束时是一段忙碌的时光，有些航天员准备回家，而其他航天员则留在空间站准备参加下一个任务。他们拍照片，收集纪念品，举行告别仪式。在离开前，航天员必须检查所有自己的设备是否都完好，包括确定自己在几个月的失重状态下变高后仍然可以穿进宇航服。

任务结束

美国国际空间站指令长苏尼特·威廉斯将她的远征33任务臂章添加到由早期航天员粘贴在空间站墙壁上的一排任务臂章中。在即将离开空间站回家之前，这位指令长将控制权移交给新指令长。

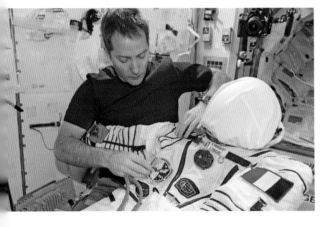

新的任务

航天员前一次穿着索科尔宇航服是在飞向空间站的飞船上，严格地说，坐飞船回航是执行另一次不同的飞行任务，因此必须更新任务臂章。图为航天员在返回家园之前，更换宇航服上的任务臂章。

▶ 挤在一起

为了准备返航，航天员演练脱离国际空间站、重返大气层和着陆程序。回程时乘坐的联盟号飞船的返回舱将更加拥挤，这是因为航天员在太空中长高了大约5厘米，原先定身打造的座位可能不再完全适合他们的体形了。

返回地面

国际空间站的许多早期航天员乘坐航天飞机相当顺利地飞回了地面，但是在航天飞机退役以后的2011年至2020年期间，唯一的回家方式是乘坐俄罗斯联盟号飞船的小型钟形返回舱重返大气层。返回舱保护航天员免受高速进入地球大气层后产生的高温，但是他们依然会感到非常颠簸！

▶ 欢迎派对

航天员通常在返回舱中等待，直到地面人员来帮助他们出舱，这是因为在太空中待了几个月后他们的肌肉变得虚弱了，不能冒然行动。由于着陆地区是哈萨克斯坦的一个偏远地区，因此航天员都接受过专门训练，以便在紧急情况下能够独自在荒野生存。

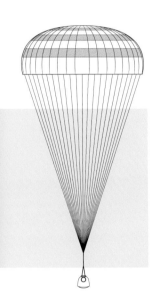

救援车

科学家用模拟方法计算和预测航天员乘坐的航天器何时何地着陆。有一支庞大的地面行动队，包括直升机和全地形车（如下图所示），在预定的着陆地区随时待命。

回家的旅程

航天器必须达到令人难以置信的高速才能进入太空，但是它返回时必须做相反的事情，也就是必须减速才能安全地着陆。航天飞机像飞机一样滑行着陆。联盟号飞船没有轮子和机翼，不会像飞机那样着陆，而是在降落伞的帮助下减速。

联盟号飞船脱离国际空间站后，先后退，然后转身飞行，用火箭减速。它的两个不再有用的模块被丢弃。

返回舱以每小时27000千米的速度重新进入地球大气层。高速飞行的航天器的前方空气被压缩，导致它的温度急剧升高。

进入大气层后，返回舱减速至800千米每小时。此时，副降落伞打开使它进一步减速，然后主降落伞打开，帮助它缓缓地下降。

返回舱只能被使用一次。它以7.8米每秒的速度接近地面。在很接近地面的时候，底座上的火箭喷射使它进一步减速，然后着陆。

海上溅落

与联盟号飞船相比，太空探索技术公司的龙飞船在海上溅落，使用水而不是火箭喷射来减速着陆。它溅落后就一直漂浮着，等待接应船的到来。

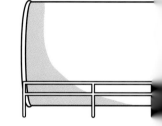

未来的太空
任务

国际空间站内有航天员居住已经有20多年了。在这期间，科学家和工程师对微重力环境中的生活有了很多了解。现在，他们正在展望未来。如果将更多人送入太空，我们需要做些什么？如何才能有朝一日重返月球甚至登陆火星？国际空间站的实践向我们展示了第一批前往红色星球的旅行者可能会面临的日常挑战。地球表面上的模拟任务积累了人类如何在身体和心理上应对长期的禁闭和隔离的经验。利用这些来之不易的知识，航天机构和私营公司都在计划令人兴奋的新任务，这些任务将使人类的探索在太阳系内迈出更深入的一步。

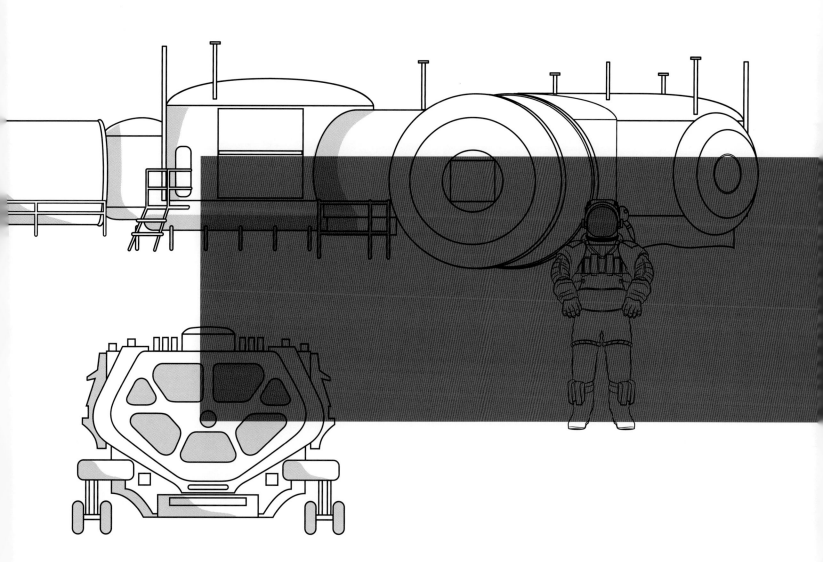

模拟任务

由于太空旅行非常昂贵，为未来任务做准备的最佳方法之一是在地球表面上寻找或创造类似于太空中的极端环境。航天机构招募包括航天员在内的志愿者来测试他们如何在狭窄空间中生活，以及如何长时间与世隔绝地生活。模拟任务也被用来模拟在其他行星上可能会遇到的情况。

◀ 美国国家航空航天局的沙漠鼠计划

美国国家航空航天局的沙漠研究和训练研究计划，简称沙漠鼠计划，在美国亚利桑那州干旱的沙漠中进行，目的是测试可用于探索月球、小行星以及火星的新设备和技术，其中包括宇航服、机器人、漫游车和新式通信系统。

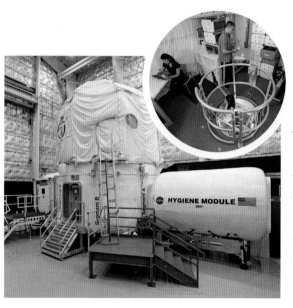

与世隔绝研究

美国国家航空航天局的人类探索研究模拟计划在一个孤立的栖息地进行，志愿者们在其中参与长达45天的虚拟太空任务。他们承受类似于太空生活的挑战，例如，密闭空间、通信延迟等。

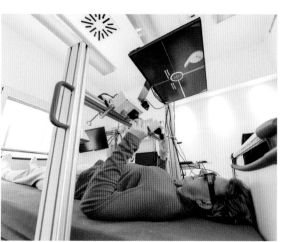

卧床休息研究

在卧床休息研究期间，志愿者们躺在头部稍微向下倾斜的床上长达10个星期。这对身体的影响类似于在微重力环境中的影响。医生们监测志愿者们的身体状况，用这些研究来寻找保持未来航天员的健康的方法。

水下实验室

在地球的海底生活和工作可能是最接近太空任务中的隔离和限制环境的地方。美国国家航空航天局将航天员、科学家和工程师派往水瓶座实验室执行长达3个星期的极端环境任务实施行动（NEEMO）。水瓶座实验室是一个位于美国佛罗里达州海岸附近的海面下19米的水下实验室。

演习

水瓶座实验室中的组员被戏称为"水航员"。就像在国际空间站中一样，他们在狭小的空间里生活和工作，与地面上的人隔离，外部环境也很恶劣。

海洋科学家

左图为德国航天员马蒂亚斯·毛雷尔在2016年的火星演习任务期间做实验。实验条件尽可能地符合实际。来自火星的信息需要大约17分钟才能到达地球，因此任务控制中心将传入和传出的信息也延迟同样的时间。

做好准备

在2015年的水瓶座实验室任务中，美国航天员塞丽娜·奥农－钱赛勒穿着潜水装备去海底测试设备，这些设备有朝一日可能被用于在月球、火星甚至小行星上进行的太空漫步。

你知道吗？

极端环境任务实施行动也被称为尼莫（NEEMO）行动。这个名称来源于法国作家儒勒·凡尔纳的小说《海底两万里》中著名的尼莫船长（Captain Nemo）的名字。

梦想假期

你不一定必须是专业航天员才能前往太空，如果你很有钱的话也可以。从2000年到2009年，国际空间站接待了几位付费游客，他们的访问时间为8—12天。最近，有些私营公司推出了载人航班，为付费旅客提供座位，让他们在太空边缘进行短暂但惊险刺激的旅行。

▶ 超前游客

在21世纪初期，7名太空游客，也被称为太空参与者，作为俄罗斯联盟号任务的付费乘客前往国际空间站。第一位是美国工程师丹尼斯·蒂托，于2001年支付了2千万美元进行为期8天的访问。最后一次这样的航天旅游发生在2009年。自从2011年航天飞机退役以后，由于飞往国际空间站的联盟号飞船上的座位有限，所以只能全部留给航天员了。

私营太空旅行

2021年，维珍银河公司和蓝色起源公司这两家私营公司成功地进行了首次载人飞行。两者都在距地面约100千米的大气层边缘进行了短途的亚轨道旅行。

蓝色起源公司

这家公司的无人驾驶太空舱被可重复使用的火箭发射到大约107千米的海拔高度，然后用降落伞返回地面。

维珍银河公司

维珍团结号太空船先被运载飞机挂载到高空，然后启动飞向大气层边缘，滑行数分钟，然后返回地面。

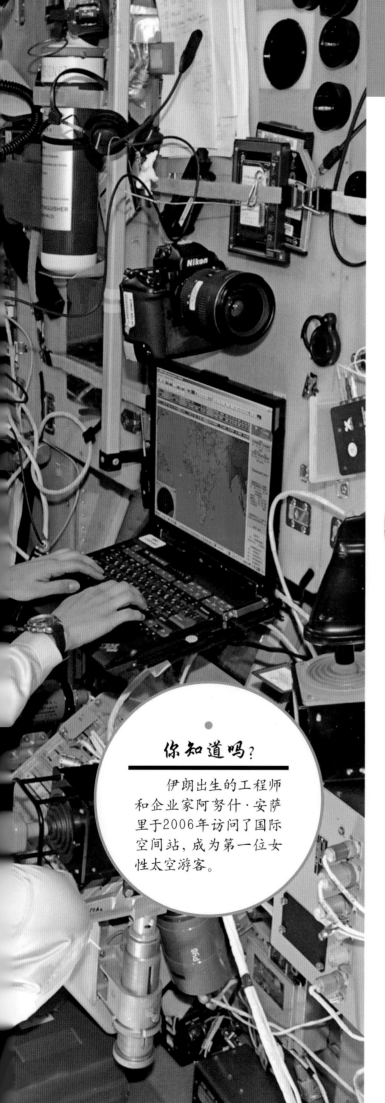

"亲爱的月球"项目

日本亿万富翁前泽友作的2023年"亲爱的月球"项目可能将是有史以来最雄心勃勃的太空旅游计划。前泽友作计划用太空探索技术公司的新星际飞船搭载8位平民乘客,以8字形轨道围绕地球和月球飞行。

艺术家对公理太空公司的太空模块的印象。

你知道吗?

伊朗出生的工程师和企业家阿努什·安萨里于2006年访问了国际空间站,成为第一位女性太空游客。

未来的空间站

为了顺应太空游客和其他太空商业活动,美国国家航空航天局与私营的公理太空公司联手,计划在21世纪20年代中期之前制造出舒适精美的可居住模块。最初计划将这些模块连接到国际空间站,但是后来改变计划,将为它们组装一座由公理太空公司运营的独立空间站。

新任务

2021年9月，坚韧号龙飞船升空，执行灵感4号任务，这是第一次全平民太空任务，代表了一个新时代的开始，太空旅行对于普通人来说变得越来越可能，不再是专业航天员的专利了。坚韧号龙飞船由美国企业家贾里德·伊萨克曼出资制造，由私营的太空探索技术公司负责运营。它在575千米的海拔高度绕地球飞行了3天，这个高度比国际空间站高150千米。

▼ 太空中的开拓者

灵感4号任务选择机组人员的标准有4大要素：领导力、希望、繁荣和慷慨。在下图中从左到右，医院捐赠者克里斯·塞姆布罗斯基代表"慷慨"，癌症幸存者海莉·阿森诺代表"希望"，贾里德·伊萨克曼是这次太空任务的指令长，代表"领导力"，而科学家和企业家希恩·普罗科特博士则代表"繁荣"。

任务臂章

灵感任务

这项任务为美国田纳西州圣裘德儿童研究医院的儿童癌症研究筹集了超过2亿美元的资金。机组人员海莉·阿森诺曾经是圣裘德医院的一名病人，后来被这家医院聘为医生助理。她是第一位在太空中飞行的假肢安装者。

坚韧号的返回舱

溅落

灵感4号任务机组在环绕地球运行的轨道上飞行了71小时。在此期间，他们欣赏美景、参加实验、听音乐，并且进行了艺术创作。坚韧号的返回舱在接应船的视线范围内溅落到美国佛罗里达州附近的海中。

你知道吗？

希恩·普罗科特博士是第一位驾驶航天器的非洲裔女性。

欣赏美景

由于坚韧号的这次任务不需要与国际空间站对接，因此它的对接端口被一个巨大的圆顶窗所取代。圆顶窗的直径为1.16米，为机组人员提供了一个壮观的大视野观景窗。

▲ 月球门户空间站

　　一座环绕月球运行的空间站是美国国家航空航天局的阿尔忒弥斯计划的关键部分。这项计划旨在使人类再次登上月球。美国国家航空航天局计划于2024年发射月球门户空间站（如上图所示）。这座空间站最初将只有两个模块，但是以后可以逐渐添加新模块。

月球基地

　　上图显示了未来的月球门户空间站——阿尔忒弥斯基地。航天员可以在那里生活长达2个月。当月球门户空间站运行至最接近月球时，它将被用于接送往返月球基地的登月舱。当月球门户空间站运行至月球轨道的远端时，它将从远处鸟瞰月球。

未来的空间站

国际空间站不可能永远运行。即使定期维护和添加新模块,空间站的关键部件也会逐渐损耗。所有相关国家都同意至少支付国际空间站的费用到2024年。它的设计寿命使它可以至少持续运行到2028年,但是总有一天它的使命会结束。那时会发生什么呢?

内 部

这个充气栖息地可以成为未来的近地轨道空间站的一部分。它被称为轨道礁。

Credit: Sierra Space Corporation

国际空间站之后的计划

私营公司有各自的空间站计划。美国公理太空公司正在设计一个模块,以后将成为另一个独立的空间站的核心。美国的蓝色起源公司和塞拉太空公司也计划建造一座名为轨道礁的近地轨道空间站。

太空制造

未来的空间站以及前往月球和火星的任务很可能会在预定的轨道上制造自己的备件和工具。自从2014年以来,航天员已经在国际空间站中测试了三维打印技术,因此,未来航天员可用这项技术按照地球发送来的设计图在太空打印设备。

下一步是什么?

国际空间站运行的经验，以及在空间站中进行的研究为更深入地探索太阳系提供了大量知识。去月球以外的火星或附近的小行星的旅程将需要数月或数年的时间，并且需要更复杂的航天器。在未来几年内，当人类开始执行此类任务时，空间站作为沿途的重要停泊点可能会发挥至关重要的作用。

▶ 火星前哨

有些在火星上建立基地的计划呼吁，在人类登陆火星之前建造一座环绕火星运行的空间站。无论如何，火星上的第一批航天员都将会利用对接技术、处理空气和水的技术，以及国际空间站首创的太空园艺技术。

其他行星上有生命吗?

国际空间站的实验表明，有些生物可以在太空的恶劣环境中生存。但是地球之外真的有生命吗? 到目前为止，在火星这颗红色行星上的漫游车还没有发现生命迹象，地球表面上的射电望远镜也还没有探测到任何来自智能外星人的信号，但是太阳系内还有许多未被探测到的地方，更不用说太阳系以外的地方了。

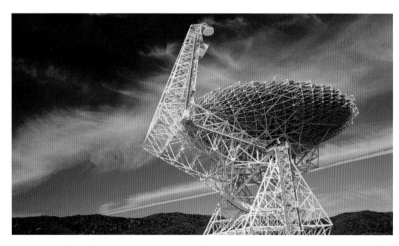

你知道吗？

毅力号火星探测器进行了一项实验，成功地利用火星大气层中的二氧化碳生产为可供人类呼吸的氧气。

参观博物馆和航天中心

并非每个人都有机会参观空间站，但是你可以在地面上参观博物馆以及其他和空间站有关的地方，近距离观看退役的航天器、历史悠久的宇航服，以及其他与航天历史相关的令人惊叹的物品。有些航天机构，例如美国国家航空航天局和欧洲航天局，专门举办与航天有关的游览活动，让游客们可以了解航天设施及其独特的幕后故事。

美国史密森尼国家航空航天博物馆

这家博物馆有两个地点，一个在华盛顿特区，另一个在弗吉尼亚州，它们都有大量标志性物品可供参观，包括发现号航天飞机。你还可以在现实环境中体验虚拟太空漫步。

中国航天博物馆

这座博物馆位于中国北京，馆内有火箭、宇航服、人造卫星和航天器展览，还有中国的过去和现在的天宫空间站的专门展览。目前它正在翻新，将于2023年重新对外开放。

英国国家航天中心

位于英国莱斯特国家航天中心的入口处是一座巨大的火箭塔。航天中心的展品有宇航服、人造卫星和陨石。航天中心的圆穹天文馆展示各种太空节目。

火箭塔

这座航天中心的巨大的火箭塔内有一枚27米高的美国火箭，名为托尔－艾布尔号。

俄罗斯的星城

位于俄罗斯星城的加加林航天员培训中心的历史可以追溯到开启太空时代的20世纪50年代。在那里，你可以参观曾经被用来训练航天员进行太空漫步的巨大水池，尝试穿宇航服，甚至品尝太空美食。

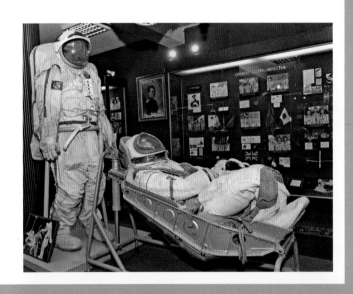

德国的欧洲太空营运中心

坐落在德国达姆施塔特的欧洲太空营运中心有时候在工作期间也对外开放。你可以亲眼目睹欧洲航天局一些任务控制室内的工作人员正在进行指挥工作。

近距离观看

参观者们认真地观看欧洲太空营运中心在室外展出的人造卫星模型。

日本筑波航天中心

这个航天中心展出国际空间站中的日本科学模块希望号实验舱的精确复制品，与原件一样大小。你还可以看到一艘被用于为国际空间站运送补给的巨大的日本白鹳号货运飞船模型，以及一个美丽的地球仪。

1972

筑波宇宙中心于1972年开放。

下一步参观哪里

▶ **澳大利亚太空探索中心**

这家航天中心位于阿德莱德，于2021开放。这里展出最新的航天技术，让游客们可以了解澳大利亚不断发展的航天工业。

▶ **韩国济州航空宇宙博物馆**

这家位于济州岛的博物馆专注于航空、太空和天文学的历史。

▶ **美国肯尼迪航天中心**

这是美国国家航空航天局在佛罗里达州的主要发射设施。它有许多展品，包括退役的飞行器，还有一个"火箭花园"，里面展出了各种类型的火箭。

词 汇 <small>（以下词义仅限于本书的内容范围）</small>

Air pressure
空气压力
空气中的物体被空气分子撞击而受到的力，以作用在单位面积上的空气压力为度量。也被称为气压。

Airlock
气闸舱
载人航天器中供航天员进入太空前和从太空返回后使用的气密性装置，用来防止航天器中的空气逃逸到太空中去。

Altitude
海拔（高度）
一个物体、一艘航天器或一个地点与海平面的高度差。

Analog mission
模拟任务
在地球上模仿的太空极端环境中执行的任务，用来帮助科学家研究长期太空旅行对人的影响。

Asteroid
小行星
围绕太阳运行的，但体积和质量比行星小得多的天体。

Astronaut
航天员
受过训练去太空旅行并在太空生活和工作的人。

Atmosphere
大 气
包围行星的气体层。

Aurora
极 光
太阳风粒子受到地球磁场的导引，在地球磁北极和磁南极的附近地区的高空产生的光。

Capcom
航天通信员
Capsule Communicator的简写，意为在航天任务控制中心与太空中的航天员交流的人。

Capsule
舱
大型航天器的一部分或小型航天器，通常装载人员或设备。

Cargo
物 运
航天器运载的物品。

Cell
细 胞
生物体的基本结构和功能单位。植物和动物都是由细胞构成的。

CNSA
中国国家航天局
负责民用航天管理及国际太空合作的政府机构。官方英文译名为China National Space Administration。

Commander
指令长
执行太空任务的首席航天员。

Cosmic radiation
宇宙辐射
来自太阳、恒星或其他天体的对航天员有害的高能粒子。

Cosmonaut
航天员
苏联和俄罗斯航天员的专属英文名称。

Crew
机组人员
在航天器上工作和生活的一群航天员。

Cupola
穹顶舱
由欧洲航天局为国际空间站建造的有7个窗口的观察舱模块。

Docking
对 接
像联盟号飞船这样的航天器在太空中与另一艘航天器（例如国际空间站）相连接。

Eclipse
食（蚀）
一个天体进入另一个天体的阴影或暂时挡住观察者的视线的现象。在日食期间，月球在太阳和地球之间移动，导致阴影落在地球上。

Engineer
工程师
设计或制造技术设备的人。他们通常接受过数学和其他科学学科的训练。

ESA
欧洲航天局
由欧洲一些国家组成的国际太空探测和开发组织，拥有22个成员国。

EVA
舱外活动
Extra-vehicular activity的简写。见Space walk（太空漫步）。

Flight controller
飞行控制员
从事任务控制工作的人。他们指导航天员在太空中执行任务，并且监控国际空间站上的系统。

Gravity
引 力
物体之间相互吸引的力。地球的引力也被称为重力，它将物体吸引到地面上，并且赋予它们重量。在太空中，地球的引力使月球和国际空间站环绕地球运行，而太阳的引力使地球环绕太阳运行。

ISS
国际空间站
International Space Station 的简写。它是地球轨道上最大的人造结构，是独特的科学实验室和航天员在太空中的居所。

JAXA
日本宇宙航空研究开发机构
负责日本的太空开发事业的独立行政法人。

Laboratory
实验室
进行科学实验的地方。

Launch
发射
使用运载火箭将航天器送入太空的过程。

Launchpad
发射台
用来发射火箭或航天器的地面设施，通常是一个带有支撑结构的平台。

Low Earth orbit
近地轨道
距离地球表面160千米至1000千米的轨道。

Microgravity
微重力
存在重力但是它的影响很小的情况。物体在像国际空间站这样的微重力环境中会表现得像失重一样。

Mission
飞行任务
在无人或载人太空旅行中执行的任务。

Mission control
任务控制
在地球上，由飞行总监领导的，由飞行控制员、工程师和支持人员组成的团队，负责全面监控从发射到着陆的所有太空任务，无论是载人还是无人。

Module
模块
空间站的一个组件，可以与另一个组件连接，供工作人员使用。

Multistage rocket
多级火箭
由数级火箭组合而成的运载工具，每级都有自己的燃料和发动机。

NASA
美国国家航空航天局
又称美国宇航局，是美国联邦政府的一个行政性科研机构，负责制定和实施美国的太空计划，并且开展航空科学研究。

Observatory
观察台
从地球观察太空的设备以及建筑物。太空中也有观察台，用以观察地球、其他行星、星系和其他天体。

Orbit
轨道
一个小物体或小天体被一个大天体的引力吸引时环绕大天体运行的路径，例如，地球环绕太阳运行的路径。

Outer space
太空
地球大气层以外的地方；也是天体之间的区域的名称，例如行星和恒星之间的区域。

Payload
有效载荷
由火箭或航天器运送的太空的物资和设备。

Penumbra
半影
物体投射的阴影的外缘部分。

Radiation
辐射
一种能量形式，例如光和热。辐射遍布整个宇宙。

Robot
机器人
可以移动和执行任务的、被计算机控制的机器。有些机器人可以感知环境并且有一些自动响应的功能。

Rocket
火箭
用于将航天器、人造卫星和航天员送入太空的运载工具。

Roscosmos
俄罗斯联邦航天局
俄罗斯主理太空科学与各项太空研究的联邦政府机构，负责俄罗斯的太空计划，并且继承苏联的太空计划。

Rover
漫游车
远程驾驶的，在另一颗星球（例如火星或月球）的表面行驶的车辆。

Satellite
卫星
围绕太空中较大的天体运行的自然或人造物体。例如，月球是地球的天然卫星，而国际空间站则是地球的人造卫星。

Shenzhou
神舟飞船
中国的航天器，用于将航天员和物资送入太空。

Simulation
模 拟
在地球上模仿太空极端环境或情况,用于训练航天员应对在太空中生活和工作的挑战。

Sokol suit
索科尔宇航服
乘坐联盟号飞船的航天员所穿着的紧急加压宇航服,但是它不适用于舱外活动。

Solar
太阳的
与太阳有关的。

Soyuz
联盟号飞船
用于在地球和国际空间站之间运送航天员和物资的航天器,由苏联设计建造,被俄罗斯继承。

Space agency
航天机构
管理与太空探索有关事物的国家机构。

Space debris
太空碎片
轨道上的太空垃圾,其中可能包括使用过的火箭、旧人造卫星和航天员掉落的工具,以及这类物品的碎片。

Space Shuttle
航天飞机
一种部分可重复使用的航天器,旨在将航天员和物资运送到环绕地球运行的空间站。

Space station
空间站
长期停留在地球轨道上的太空平台,例如国际空间站。航天员可以在那里生活和工作。

Space walk
太空漫步
航天员走出航天器进入太空的行为,通常是为了测试设备或进行维修,也被称为舱外活动。

Spacecraft
航天器
专为太空旅行而设计的运载工具。

Spacesuit
宇航服
保护航天员在太空中不受低温、辐射等伤害并且提供他们生存所需要的氧气的保护服。

Taikonaut
航天员
中国航天员的专属英文名称。

Tether
安全绳
航天员在舱外活动期间连接自己和航天器上的绳索。

Thrust
推 力
火箭或其他反应发动机的推进力。

Tiangong
天 宫
中国空间站,已经通过了关键技术验证。

Ultraviolet (UV) rays
紫外线
太阳产生的人眼看不见的短波长辐射波,对人体有害。

Umbra
本 影
物体投射的阴影的黑暗中心部分。

Vacuum
真 空
一个空荡荡的区域,里面什么都没有,甚至没有空气。

Virtual reality (VR)
虚拟现实
用计算机生成的仿真环境,让用户有身临其境的感觉。

致　谢

DK would like to thank the following people for their contribution:
Arshti Narang and Vaibhav Rastogi for additional design assistance; Suhita Dharamjit for design assistance on the jacket; Zaina Budaly and Ben Morgan for additional editorial assistance; Helen Peters for the index; Jane Parker for proofreading.

DK would like to thank the following for their kind permission to reproduce their photographs:
(Key: a-above; b-below/bottom; c-centre; f-far; l-left; r-right; t-top)

10 NASA. 11 Alamy Stock Photo: John Gilbey (fbr); Stocktrek Images, Inc. (br). ESA: NASA (tr). NASA: Johnson Space Center (bl). 12 NASA: (tl); Marshall Space Flight Center (bl). 12-13 NASA. 13 Alamy Stock Photo: NC Collections (bc). 14-15 NASA: ARC / Rick Guidice. 14 NASA: Don Davis (bl). 16 Dorling Kindersley: Gary Ombler / Dave Shayler / Astro Info Service Ltd (crb). Getty Images: Sovfoto / Universal Images Group (tr, cra). NASA: (br). TopFoto: Sputnik (bl). 17 Dorling Kindersley: Gary Ombler / Dave Shayler / Astro Info Service Ltd (tr). Dreamstime.com: Viocara (cr). Getty Images: Erik Simonsen (cb). NASA: (tl, clb). SPACEBOOSTERS Limited: NASA (crb). 20-21 ESA: Roscosmo. 21 Canadian Space Agency (CSA): (r/c). ESA: (r/d). Japan Aerospace Exploration Agency (JAXA): (r/e). NASA: (r/a). State Space Corporation Roscosmos: (r/b). 22-23 Roland Miller. 23 Roland Miller: (tl, tr). 24-25 NASA: Johnson Space Center. 25 Getty Images: AFP / Bruce Weaver (bc). NASA: Johnson Space Center (cr); (br). 26-27 NASA. 26 NASA: Johnson Space Center (cl); Armstrong Flight Research Center (bl). Science Photo Library: NASA (tl). 27 Alamy Stock Photo: REUTERS (br). NASA: Kennedy Space Center (bl, cl). 28-29 NASA: Johnson Space Center. 28 Alamy Stock Photo: NG Images (cl). 29 ESA: NASA (cl). NASA: Johnson Space Center (tl, tr, bl). 30-31 NASA. 30 ESA: Alexander Gerst (bc). NASA: Johnson Space Center (cl). 31 NASA: Johnson Space Center (br). 32-33 NASA. 32 NARA National Museum: NASA / Johnson Space Center (crb). 33 NASA: Kennedy Space Center / Frank Michaux (bc); Johnson Space Center (br). 34 NASA: CANADIAN SPACE AGENCY (br, bc); ODPO (bl). 34-35 NASA. 35 ESA: NASA (cb). Texas A & M University: (bl). 36 NASA: Goddard / Chris Gunn (tl); Ben Smegelsky (crb). 36-37 NASA: Ben Smegelsky. 37 NASA: GRC / Bridget Caswell (tr); Isaac Watson (bl). 38 Getty Images: Sergei Karpukhin\TASS (cl). 38-39 Getty Images: Alexander Ryumin\TASS (b). 39 NASA: (tl). 40-41 Reuters: China Stringer Network (t). 40 Reuters: Stringer Shanghai (bl). Shutterstock.com: Hap / Quirky China News (br). 41 Alamy Stock Photo: REUTERS (br). Reuters: China Stringer Network (bl). 42 Dorling Kindersley: Dreamstime.com: Alejandro Miranda (tl). 42-43 Getty

Images: China Manned Space Engineering O / AFP (bl). 43 Alamy Stock Photo: Xinhua (tl). Getty Images: Feature China / Barcroft Media (crb); Kevin Frayer (bl). 46-47 Getty Images: NASA. 46 Getty Images: Matt Stroshane (bl). NASA: KSC (cla, ca); Ben Smegelsky (bc). 47 Alamy Stock Photo: UPI (cra). Getty Images: Epsilon (crb). 48-49 NASA. 48 NASA: (br, fbr). 49 Alamy Stock Photo: NASA Photo (bl). NASA: Joel Kowsky (br). 50 Alamy Stock Photo: Bob Daemmrich (br). NASA: Carla Thomas (clb); Bill White (tr). 51 ESA: S. Corvaja, 2014 (cla). NASA: Kim Shiflett (clb, tr). 52 Getty Images: Stanislav Krasilnikov\TASS (cb). 52-53 ESA: Stephane Corvaja. 53 ESA: Stephane Corvaja (br). 54-55 Courtesy of U.S. Navy: Robert Markowitz (tc). 54 Science Photo Library: David Ducros (crb). 55 ESA: Stephane Corvaja (br); Anneke Le Floc'h (tr, cr). Getty Images: Stanislav Krasilnikov\TASS (bc). 56-57 ESA: Stephane Corvaja (tc); NASA / J. Blai (br). 58-59 NASA: Johnson Space Center (r). 58 ESA: Stephane Corvaja (cla). NASA: Johnson Space Center / Bill Stafford (clb). 60 ESA: D. Baumbach, 2010 (tr); NASA / Vittorio Crobu (bl, cl). NASA: SpaceX (cr). 61 NASA: Johnson Space Center / Robert Markowitz (tr); Johnson Space Center / Victor Zelentsov (cla). 62 NASA: Bill Ingalls (br). Science & Society Picture Library: (r). 63 Alamy Stock Photo: NG Images (bc); SBS TV / Sipa Press (tc). Japan Aerospace Exploration Agency (JAXA): (tr, cr). NASA: GCTC / Andrey Shelepin. 64-65 NASA: Johnson Space Center. 65 Alamy Stock Photo: dpa picture alliance archive (bc). Getty Images: NASA / Bill Ingall (c). Japan Aerospace Exploration Agency (JAXA): (cb). 66 Getty Images: Sergei Savostyanov\TASS (bl). NASA: Johnson Space Center / Andrey Shelepin / Gagarin Cosmonaut Training Cente (tr); Joel Kowsky (br). 67 Alamy Stock Photo: NASA Image Collection (cra); Sergei Savostyanov / TASS (bl). NASA: Johnson Space Center / Victor Zelentso (tl); Bill Ingalls (tr). 68-69 NASA: Bill Ingalls (c). 68 NASA: Bill Ingalls (cl); Victor Zelentsov (tl). 69 NASA: Bill Ingalls (tl, br). 70-71 NASA: Johnson Space Center (t). 70 NASA: Bill Ingalls (bl). 71 NASA: Johnson Space Center (bc, cb). 72-73 NASA: Bill Ingalls (b). 72 NASA: Kennedy Space Center (bl). SpaceX: (tl). 73 Alamy Stock Photo: SpaceX (br). NASA: Bill Ingalls (tc); Joel Kowsky (tr). SpaceX: (cra, cr). 74 Alamy Stock Photo: Xinhua / Ma Yan (br). NASA: Johnson Space Center (tr); Kennedy Space Center (clb); Bill Ingalls (br). 75 NASA: Johnson Space Center (cla, crb); Carla Cioffi (tr). 76-77 NASA: Johnson Space Center / Lauren Harnet. 76 NASA: Johnson Space Center (crb). 77 Alamy Stock Photo: Bob Daemmrich (crb). NASA: Johnson Space Center (cb, fcrb). 80-81 NASA: Johnson Space Center (bc). 81 NASA: Johnson Space Center (bc). 82-83 ESA. 82 ESA: (cb). 83 Getty Images: Sebastien Salom-Gomis / AFP (tc, tr, c, cr). NASA: (bc). 84-85 NASA: Johnson Space Center. 84 NASA.

85 Alamy Stock Photo: Marc Fairhurst (cr). Getty Images: Yoshikazu Tsuno / AFP (br). NASA: Johnson Space Center (tc, bl); (crb). 86-87 ESA: NASA. 86 NASA: Johnson Space Center (clb). 88-89 NASA: Johnson Space Center (c). 88 Japan Aerospace Exploration Agency (JAXA): (cl, cr). NASA: (c); Johnson Space Center (clb, cb, crb). 89 Getty Images: Red Huber / Orlando Sentinel / Tribune News Service (br). NASA: Johnson Space Center (tr). 90-91 NASA: (t). 90 NASA: (b). 91 Alamy Stock Photo: NASA / UPI (bc). NASA: (cl, br); Johnson Space Center / Josh Valcarce (bl). 92-93 NASA: Johnson Space Center. 93 NASA: Johnson Space Center (ca, bc). 94-95 ESA: NASA (b). 95 NASA: Johnson Space Center (tr). 96-97 ESA: NASA (t). 96 ESA: NASA (br). NASA: Johnson Space Center (tl). 97 ESA: NASA (bl). NASA: Johnson Space Center (br). 98-99 NASA: Johnson Space Center. 98 ESA: CNES / J-P. Haigner (bl). 100-101 Alamy Stock Photo: NASA / UPI (c). 100 ESA: NASA (clb). NASA: Johnson Space Center (tl). 101 NASA: (br). 102-103 ESA: NASA (b). 102 NASA: Shane Kimbrough (bl). 103 NASA: Johnson Space Center (tr); ESA (tr). 104-105 NASA: (c). 105 Alamy Stock Photo: NASA Photo (tr). ESA: NASA (br). NASA: (cr). 106 NASA: Johnson Space Center. 107 ESA: NASA (bc). NASA: Johnson Space Center (c). 108 NASA: Johnson Space Center (tr, bl, br). 109 ESA: NASA (tr). NASA: (cl); Johnson Space Center (c, bc). 112 NASA: Johnson Space Center (tl, br). 113 Dreamstime.com: Feathercollector (cr). NASA: Johnson Space Center (bl); Johnson Space Center / SpaceX (br). 114 ESA: (tl); NASA (cla). NASA: Johnson Space Center (cb); ESA (crb). Science Photo Library: NASA / Robert Markowitz (bl). 115 NASA: Johnson Space Center. 116 NASA: Johnson Space Center (tr). 116-117 NASA: (b). 117 NASA: Kennedy Space Center / Ben Smegelsk (tl); Johnson Space Center (tc, tr, ftr); Kennedy Space Center (cla); (cl). 118 NASA: (tl); Johnson Space Center (bl). 118-119 NASA: (c). 119 NASA: Johnson Space Center (br, cr, cra); (bc). 120-121 Alamy Stock Photo: NASA Photo (tc). 120 ESA: David Gerhardt (bc). NASA: Johnson Space Center (tl). 121 Alamy Stock Photo: Vital Archive (br). Dorling Kindersley: Dreamstime.com (bc). NASA: Kennedy Space Center / Ben Smegelsky (tl). 122 Getty Images: Ivan Couronne / AFP (tl). Dr Suzie Imber: (br). 122-123 NASA: Kennedy Space Center (tc). 123 Getty Images: Liz Hafalia / The San Francisco Chronicl (bl). NASA: Kennedy Space Center (tr). 124-125 NASA: Johnson Space Center. 124 NASA: Johnson Space Center (cl). 126 NASA: (cr); Johnson Space Center (bl). 127 NASA: (tr, tc, c, cl); Johnson Space Center (br). Smithsonian National Air and Space Museum: (bc). 128-129 NASA. 129 NASA: Johnson Space Center (br). 130-131 NASA: Johnson Space Center. 131 NASA: Johnson Space Center (bc). 132-133 NASA: Johnson Space Center. 132 NASA: Johnson Space Center (ca); (bl). Science Photo Library: NASA

(br). 134 Alamy Stock Photo: (tr); Imaginechina Limited (bc); Newscom (br). NASA: Johnson Space Center (cra); (clb). 135 NASA: (tr, cla); Johnson Space Center (cra, bl). 136 NASA: Johnson Space Center (cl); (clb). 136-137 ESA: NASA. 138 NASA: Bill Ingalls (c); JSC (bc, br). 138-139 ESA: NASA / B. Ingall (tr). 139 ESA: Stephane Corvaja (bl); M. Pedoussaut (bc). Getty Images: Bill Ingalls / NASA (br). NASA: Bill Ingalls (clb). 142-143 NASA. 143 ESA: DLR (bc). NASA: Bill Stafford and Robert Markowitz (cb, c). 144-145 ESA: Karl Shreeve. 144 Alamy Stock Photo: NASA Image Collection (clb). NASA: (bl). 146 Alamy Stock Photo: Wirestock, Inc. (bl). Blue Origin: (cl). Getty Images: Mark Greenberg / Virgin Galactic (cla). 146-147 Getty Images: Jean-Louis Atlan / Paris Match. 147 Axiom Space, Inc.: (cb, br). 148-149 Inspiration4: John Kraus (b). 149 Inspiration4: (tl); Jared Isaacma (br). Shutterstock.com: SpaceX / UPI (tr). SpaceX: (tc). 150-151 NASA: Johnson Space Center / Alberto Bertoli. 150 NASA: (clb). 151 NASA: Emmett Given (bc). Sierra Space Corporation / Sierra Nevada Corporation: (br, cb). 152-153 NASA. 152 Alamy Stock Photo: Jon Arnold Images Ltd (bl). 154 Alamy Stock Photo: eye35.pix (clb); Michael Ventura (tr); Nathan Willock-VIEW (bc); Xinhua (br). 155 Alamy Stock Photo: EDU Vision (clb); ITAR-TASS News Agency (cla). ESA: (tr, cra).

Cover images: Front: Alamy Stock Photo: Andrey Armyagov; Back: Dreamstime.com: Ihor Svetiukha; NASA: (c, b), Robert Markowitz (t); Spine: Alamy Stock Photo: Andrey Armyagov.

Endpaper images: Back: Dreamstime.com: Ihor Svetiukha.

All other images © Dorling Kindersley.

For further information see: www.dkimages.com.

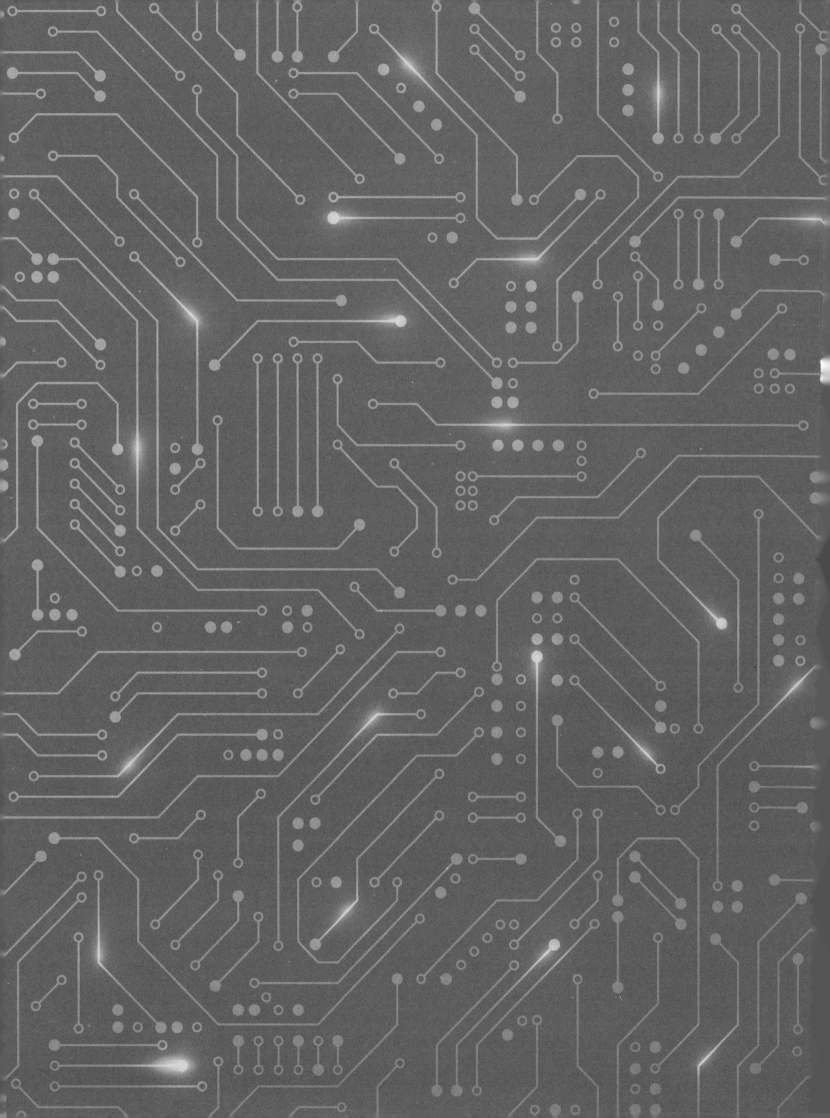